现代农业机械化技术

农机专业合作社规范管理与运营

◎ 杨立国 张 岚 主编

**NONGJI ZHUANYE HEZUOSHE
GUIFAN GUANLI YU YUNYING**

中国农业科学技术出版社

图书在版编目（CIP）数据

现代农业机械化技术.农机专业合作社规范管理与运营/杨立国，张岚主编.—北京：中国农业科学技术出版社，2020.1

ISBN 978-7-5116-4158-8

Ⅰ.①现… Ⅱ.①杨…②张… Ⅲ.①农业机械化 Ⅳ.①S23

中国版本图书馆CIP数据核字（2019）第078320号

责任编辑　　褚　怡　穆玉红
责任校对　　李向荣

出 版 者	中国农业科学技术出版社
	北京市中关村南大街12号　邮编：100081
电　　话	（010）82109707　82106626（编辑室）（010）82109702（发行部）
	（010）82109709（读者服务部）
传　　真	（010）82106626
网　　址	http://www.castp.cn
发　　行	各地新华书店
印 刷 者	北京富泰印刷有限责任公司
开　　本	710 mm×1 000 mm　1/16
印　　张	8.75
字　　数	180千字
版　　次	2020年1月第1版　2020年1月第1次印刷
定　　价	53.00元

◆ 版权所有·侵权必究 ◆

《农机专业合作社规范管理与运营》

编委会

主　　任　杨立国

副 主 任　秦　贵　宫少俊　张京开　李小龙　赵景文
　　　　　张　岚　熊　波

委　　员　（以姓氏笔画为序）

　　　　　马继武　王立成　王尚君　方宽伟　刘　旺
　　　　　李治国　李珍林　宋爱敏　张武斌　张艳红
　　　　　张　莉　陈建民　赵丽霞　赵铁伦　禹振军
　　　　　秦国成　徐岚俊　郭连兴　崔　皓　麻志宏

编写人员

主　　编　杨立国　张　岚

参编人员　（以姓氏笔画为序）

　　　　　王立成　王媛媛　朱言利　李雪婷
　　　　　杨　烨　张文艳　陈　领　陈向阳
　　　　　陈国龙　高大辛

前　言

农业机械化是实施乡村振兴战略的重要支撑，没有农业机械化就没有农业农村现代化。习近平总书记指出，要大力推进农业机械化、智能化，给农业现代化插上科技的翅膀。

改革开放40年来，我国的农业机械化伴随着社会的发展取得了长足进步，为保障粮食安全、促进农业产业结构调整、加快农业劳动力转移、发展农业规模经营、发展农村经济、增加农民收入等方面提供了有力的支撑。

为进一步提高我国的农业农村机械化水平，更好的服务乡村振兴战略和美丽乡村建设，提升现代农业发展的高精尖水平。在北京市农业农村局的指导下，北京市农业机械试验鉴定推广站组织编写了《现代农业机械化技术》系列丛书。本丛书涵盖了农业产业和农村发展亟需的粮经、蔬菜、养殖、生态、农机鉴定和社会化服务组织管理六大方面农机化专业知识，在编写中注重"融合、支撑、创新、服务"理念和"生产、生态、生活、示范"功能，以全面服务农机科研主体、农机生产主体、农机推广主体、农机应用主体为目标，用通俗易懂的语言、形象直观的图片、实用新型的技术以及最新的科技成果展示，力求形成一套图文并茂、好学易懂、易于实践的技术手册和工具书，为广大农民和农机科研、推广等从业者提供学习和参考资料。

目 录
CONTENTS

第一章　农民专业合作社和农机专业合作社……………………………………1
　第一节　农民专业合作社的概念与基本原则………………………… 1
　第二节　农机专业合作社概念及组织特征…………………………… 3
　第三节　农机专业合作社的发展历程………………………………… 4

第二章　农机合作社组织建设……………………………………………………8
　第一节　办好农机专业合作社的基本原则和要素…………………… 8
　第二节　农机专业合作社的建立与登记………………………………10
　第三节　农机专业合作社的组织机构及职能…………………………12
　第四节　农机专业合作社的组织形式…………………………………16

第三章　农机专业合作社规范化建设………………………………………… 18
　第一节　规范化建设目的和要求………………………………………18
　第二节　规范化建设内容………………………………………………19
　第三节　合作社基础设施规范化………………………………………24

第四章　农机专业合作社作业服务组织和实施……………………………… 27
　第一节　农机化生产计划的制订………………………………………27
　第二节　农机作业组织实施……………………………………………29
　第三节　农机作业技术规范……………………………………………33

第五章　农机专业合作社技术管理…………………………………………… 53
　第一节　农业机械试运转………………………………………………53
　第二节　农业机械技术维护……………………………………………56

  第三节 农业机械故障分析……………………………………………59
  第四节 农业机械修理…………………………………………………62
  第五节 农业机械保管…………………………………………………66

第六章 农机专业合作社财务管理………………………………………72
  第一节 财务管理概述及财务活动的管理……………………………72
  第二节 农机专业合作社资产与负债管理……………………………74
  第三节 农机专业合作社所有者权益管理……………………………77
  第四节 农机专业合作社收入成本费用与盈余管理…………………78
  第五节 农机专业合作社财务分析……………………………………81

第七章 农机专业合作社发展与实践……………………………………83
  第一节 北京市农机专业合作社发展现状及分析……………………83
  第二节 农机合作社示范社发展典型经验材料………………………85

附　　录…………………………………………………………………101
  中华人民共和国农民专业合作社法…………………………………101
  农民专业合作社示范章程……………………………………………113
  《农机社会化服务作业合同》(范本)………………………………125
  农业部关于大力推进农机社会化服务的意见………………………128

第一章
农民专业合作社和农机专业合作社

第一节 农民专业合作社的概念与基本原则

一、农民专业合作社概念

农民专业合作社是以农村家庭承包经营为基础,通过提供农产品的销售、加工、运输、贮藏以及与农业生产经营有关的技术、信息等服务来实现成员互助的组织,从成立开始就具有经济互助性。拥有一定组织架构,成员享有一定权利,同时负有一定责任。

我国在《中华人民共和国农民专业合作社法》(以下简称《农民专业合作社法》)的第一章总则第二条对农民专业合作社进行了简要的定义,包括两方面的内容:一方面,从概念上规定合作社的定义,即"农民专业合作社是在农村家庭承包经营基础上,同类农产品的生产经营者或者同类农业生产经营服务的提供者、利用者,自愿联合、民主管理的互助性经济组织";另一方面,从服务对象上规定了合作社的定义,即"农民专业合作社以其成员为主要服务对象,提供农业生产资料的购买,农产品的销售、加工、运输、贮藏以及与农业生产经营有关的技术、信息等服务"。即农民专业合作社是在农村家庭承包经营基础上,同类农产品的生产经营者或者同类农业生产经营服务的提供者、利用者,自愿联合、民主管理的互助性经济组织。

农民专业合作社以其成员为主要服务对象,提供农业生产资料的购买,农产品的销售、加工、运输、贮藏以及与农业生产经营有关的技术、信息直至网上交易等服务。

二、基本原则

《农民专业合作社法》规定,农民专业合作社应当遵循以下五个基本原则。① 成员以农民为主体。为坚持农民专业合作社为农民成员服务的宗旨,发挥合作社在解决"三农"问题方面的作用,使农民真正成为合作社的主人,农民专业合作社的成员中,农民至少应当占成员总数的80%,并对合作社中企业、事业单位、社会团体成员的数量进行了限制。② 以服务成员为宗旨,谋求全体成员的共同利益。农民专业合作社是以成员自我服务为目的而成立的。参加农民专业合作社的成员,都是从事同类农产品生产、经营或提供同类服务的农业生产经营者,目的是通过合作互助提高规模效益,完成单个农民办不了、办不好、办了不合算的事。这种互助性特点,决定了它以成员为主要服务对象,决定了"对成员服务不以营利为目的、谋求全体成员共同利益"的经营原则。③ 入社自愿、退社自由。农民专业合作社是互助性经济组织,凡具有民事行为能力的公民,能够利用农民专业合作社提供的服务,承认并遵守农民专业合作社章程,履行章程规定的入社手续的,都可以成为农民专业合作社的成员。农民可以自愿加入一个或者多个农民专业合作社,入社不改变家庭承包经营性质;农民也可以自由退出农民专业合作社,退出的,农民专业合作社应当按照章程规定的方式和期限,退还记载在该成员账户内的出资额和公积金份额,并将成员资格终止前的可分配盈余,依法返还给成员。④ 成员地位平等,实行民主管理。《农民专业合作社法》从农民专业合作社的组织机构和保证农民成员对本社的民主管理两个方面作了规定:农民专业合作社成员大会是本社的权力机构,农民专业合作社设理事长,也可以根据自身需要设成员代表大会(需成员150人以上)、理事会、执行监事或者监事会;成员可以通过民主程序直接控制本社的生产经营活动。⑤ 盈余主要按照成员与农民专业合作社的交易量(额)比例返还。盈余分配方式的不同是农民专业合作社与其他经济组织的重要区别。为了体现盈余主要按照成员与农民专业合作社的交易量(额)比例返还的基本原则,保护一般成员和出资较多成员两个方面的积极性,可分配盈余中按成员与本社的交易量(额)比例返还的总额不得低于可分配盈余的60%,其余部分可以依法以分红的方式按成员在合作社财产中相应的比例分配给成员。

第二节　农机专业合作社概念及组织特征

一、农机专业合作社基本概念

农机专业合作社是农民专业合作社的重要组成部分，农机专业合作社是按照《农民专业合作社法》《农民专业合作社登记管理条例》《农民专业合作社示范章程》和有关法律、法规、制定本章程，依法成立的以农机服务为主的农民专业合作社。以服务成员为宗旨，遵循着"入社自愿、退社自由"的原则为合作社成员和其他个人或团体提供服务的组织。农机专业合作社以从事农业生产和各类农机作业服务的农民为主体，主要内容是：组织机械化生产、收获和农产品初加工，提供信息、技术、维修、培训、咨询等服务。

二、农机专业合作社的组织特征

（一）成员构成

以从事农业生产和各类农机作业服务的农民为主体，吸收从事与合作社业务直接有关的企业、事业单位或社会团体为团体成员。成员中，农民身份成员至少占成员总数的80%。

（二）依法成立

依照《农民专业合作社法》《农民专业合作社登记管理条例》设立和登记，取得工商营业执照，具有法人资格。

（三）服务对象

以其成员为主要服务对象，以服务成员、谋求全体成员的共同利益为宗旨。

（四）服务内容

组织开展生产劳动合作和农机具规模作业、配套作业；引进新技术、新机具、新品种，开展技术培训、技术交流活动，组织经济、技术协作，为成员提供技术指导和服务；兴办成员生产经营所需要的维修、加工包装、储藏运输、贸易、交易市场等经济实体，推进农业产业化经营；采购和供应成员所需的生产资料和生活资料；提高本社农机作业质量，加强农机安全生产，帮助做好农机维修保养工作，创立农机服务品牌；承担国家、集体或个人委托的科研项目和有关业务等。

第三节　农机专业合作社的发展历程

我国农机专业合作社的发展历程可分为萌芽阶段和快速发展阶段。

(一) 农机专业合作社萌芽阶段（1984—2000年）

改革开放之后，特别是实行家庭承包经营责任制以来，随着市场经济的发展，农户非常需要有一个组织来提供生产经营中的农机服务、技术、购销、资金等方面的服务。新的需求呼唤新的经营形式，于是，各类农机作业服务队等组织和农民专业合作组织就应运而生。一大批农机拥有者自主联结，把分散的农机作业服务队等组织、农机大户和农机作业市场紧密地结合起来，根据农民需求提供各种作业服务，增加收入（图1-1~图1-3）。

图1-1　发展初期的农机服务组织

图1-2　跨区作业服务出征

图1-3　跨区作业机具转运

农机作业,特别是联合收割机跨区作业的兴起、其规模和领域不断扩大,把千家万户的小生产和农机作业大市场对接了起来。既解决了农业机械大规模作业与亿万小规模农户成产的矛盾,同时,又使得农机经营者能够有组织面对农业服务千变万化的市场,不断开拓农机服务新领域,努力增强服务功能。截至2000年年底,农机化作业专业服务队、乡村农机作业服务组织等达25.73万个。

(二)农机专业合作社快速发展阶段(2000年以来)

进入21世纪以来,随着农民外出打工的越来越多,农机跨区作业的规模和领域的不断扩大,我国农机专业合作社获得了快速发展。现在,哪里有农业机械化生产,哪里就出现各具特色的农机专业合作社。

为扶持跨区作业,规范跨区作业的市场顺序,农业部于2000年4月印发《联合收割机跨区作业暂行办法》,2003年6月发布了《联合收割机跨区作业管理办法》。

2004年实施《农业机械化促进法》(图1-4)以及国家购机补贴等一系列支农惠农政策的出台,国家对农业机械化投入迅速增加,农机装备总量持续增长,农机作业水平不断提高,以农机专业合作社为代表的新型农机服务迅速发展壮大,成为推进农业机械化、发展现代化农业、建设社会主义新农村的重要力量。

2007年7月1日实施的《农民专业合作社法》(图1-5),使农机专业合作社进入法治轨道。截至2015年年底,农机合作社发展呈现以下发展特点,合作

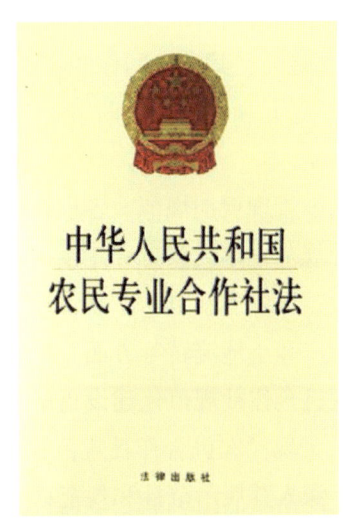

图1-4 中华人民共和国农业机械化促进法　　图1-5 中华人民共和国农民专业合作社法

社数量持续增加，我国农机合作社数量已经达到5.4万个，比2014年增加4 400多个，入社成员数达到190万人（户）。

山东省农机合作社数量达到6 323个，居全国第一。吉林省农机合作社数量达到5 317个，比2014年增加71%。甘肃省农机合作社数量达到968个，比2014年增加63%。

扶持力度不断加大。各级农机化主管部门积极争取项目资金和扶持政策，推动农机合作社不断发展。2015年全国农机合作社拥有农机具317万台（套），比上年增加8万台（套），其中大中型拖拉机、联合收获机、插秧机、粮食烘干机分别达到49.6万台、35.4万台、16.7万台、1.6万台，占社会保有量的1/4。黑龙江省从2008年起已累计投入专项资金131.4亿元，组建了1 161家大型的现代农机合作社。湖南省启动了"千社工程"，由省政府出资3亿元，用两年时间，建立1 000家"小精坚"农机合作社。江苏省从2009年起已累计投入9 993万元，扶持了998个农机合作社的机库建设。服务能力明显增强。全国农机合作社作业服务总面积达到7.12亿亩，占全国农机化作业总面积的12%左右；服务农户数达到3 887万户。湖南省农机合作社作业服务总面积达到2226万亩（15亩=1公顷。全书同），较上年增加540万亩。山东省开展土地托管、土地流转等规模化经营的农机合作社达到1500多家，面积超过700万亩，占全省土地流转规模经营面积的1/3，经营效益越来越好。全国农机合作社经营活动总收入达到814亿元，比上年增长近200亿元，社均收入达到151万元，比上年增长26万元。农机化服务依然是农机合作社的主营业务，其收入达到567亿元，比上年增长62亿元，其中田间作业收入431亿元，修理服务收入80亿元，分别较上年增长17亿元和4亿元。四川省农机合作社年度总收入达到12.7亿元，比上年提高26.5%。

制度管理更加规范。各地在积极创办农机合作社的同时，也相继出台了农机合作社规范化建设意见和建设标准，重点培育一批设施完备、功能齐全、特色明显、效益良好的示范合作社，积极引导他们在农机化生产、跨区作业、新技术新机具推广和土地流转等方面发挥示范带头作用。北京、浙江、福建等省市制定出台了农机合作社规范化建设指南或标准，指导合作社经营管理规范化。黑龙江省出台了《现代农机合作社规范社示范社建设标准》，建立了省市两级示范社评价体系，深入开展示范社和规范社建设。

随着我国工业化、城镇化进程不断推进，加快农业生产经营体制创新和培育

图1-6　规范发展农机专业合作社

新型市场主体的任务日益紧迫。实践证明,农机合作社通过土地入股、土地托管、承包经营、联耕联种等方式,可在不改变土地承包权的前提下,在更大规模上实现土地的统一经营,实现规模效益,有效地提高农业综合生产能力,提升农业生产的组织化、集约化水平(图1-6)。

第二章 农机合作社组织建设

第一节 办好农机专业合作社的基本原则和要素

一、办好农机专业合作社的基本原则

发展农机专业合作社,必须以《农民专业合作社法》为准绳,遵循《农机专业合作社示范章程》《农机专业合作社管理条例》《农机专业合作社财务会计制度(试行)》等要求,立足实际,扎实推进,边发展边完善边规范,在发展中求完善,在完善中求规范,以规范中促发展,并把握和遵循以下基本原则。

(一)坚持农民民主原则

按照"民办、民管、民受益"的原则,以农民、机手为主体,以服务社员为宗旨,成员地位平等,实行民主选举、民主管理、民主决策、民主监督,最大程度地实现和维护社员利益,不断增强农机专业合作社的凝聚力、吸引力和感召力。

(二)坚持因地制宜原则

从本地实际出发,因势利导,鼓励合作形式多样化,投资主体多元化,服务方式市场化,增强发展活力。鼓励农机专业合作社在搞好农机服务的基础上,根据农民生产经营的需要,拓宽服务领域,成为农业社会化服务体系的重要力量。

(三)坚持政府扶持原则

把政府扶持作为发展农机专业合作社的有力支撑,对农机专业合作社的发展给予多方面的扶持、指导和服务。认真落实法律法规和各级政府规定的各项扶持农机专业合作社发展的政策措施,特别是财政、税收、金融、科技、人才等方面

的政策措施，保护和调动农民的积极性，推动农机专业合作社加快发展。

（四）坚持示范引导原则

以试点示范引路，典型带动，以点带面。防止压任务、下指标，切忌一刀切、急于求成，推动农机专业合作社健康发展。

（五）坚持规范发展原则

正确处理好规范和发展的关系，发展与规范并重，将农机专业合作社制度建设、运行机制完善放在与增加装备设施投入同等重要的位置，在促进发展中抓好规范。通过规范建设，完善机制，提高发展能力，增强发展活力，实现持续发展。

二、办好农机专业合作社的要素

（一）选好带头人

选好合作社的带头人是办好合作社的前提。而农机专业合作社经理人大多数是合作社的带头人，即由合作社理事长或社长兼任。考核选拔合作社带头人要从其政治素质、业务素质、组织能力等方面考虑。政治上拥护中国共产党、爱国家、爱人民，诚实守信、合法经营，具有较强的职业道德；业务上熟悉农业机械运用服务的基本知识；组织上有较强的职业道德；业务上熟悉农业机械运用服务的基本知识；组织上有较强的组织领导和管理能力，在作业服务过程中有较强的机具调配和指挥能力；有善于学习、开拓创新、与时俱进的能力。

（二）要有健全的管理机制

设立农机专业合作社要有一个好的章程，在合作社内部应具备健全的组织机构，完善的民主管理制度、人员考核管理制度和财务分配制度，还应具备相应的激励机制和奖惩制度，以增强农机专业合作社的运行活力。实践证明，只有健全合作社的管理机制、才能增强活力。

（三）促进规范化建设

只有促进合作社规范化建设，才能发展农机专业合作社。合作社经理人应掌握国家相关政策，针对地域性制定中、长期发展规划，使合作社场地的基础建设、民主管理、机务管理、作业服务、制度管理、劳资管理、财务管理、信息处理、资料档案管理等逐步规范化，使其稳步有序发展，促进规范化建设。

（四）完善标准化管理

只有完善合作社标准化管理，才能办好农机专业合作社。合作社的运行要从

作业信息和计划、作业质量、设施与设备、财务和人力资源等标准化管理抓起，使每项工作按标准化要求进行，做到有标准要采用标准、目前暂无标准要自己制定标准来执行管理。

（五）创建品牌化服务

引导农机专业合作社率先成为遵守法律法规、遵守社会公德和职业道德、诚实守信开展生产经营活动的典范。树立诚信意识、风险意识和品牌意识，实施品牌化服务经营战略，加强品牌化服务宣传和保护，以信誉和品牌赢得市场竞争。引导、鼓励和支持农机专业合作社拥有自主注册商标，创建服务品牌，开展相关认证，不断提高农机专业合作社的经营管理水平，增强农机专业合作社可持续发展的市场竞争能力。

（六）建立良好的公共关系

农机专业合作社在经营过程中，要促进组织和农户、政府等相关公众之间双向了解、彼此信任与合作，梳理组织美好形象进行各种服务活动，建立良好的公共关系，以和谐的沟通协调来优化自身的关系资源，积累组织的无形资产，从而形成柔性生产力。一是诚心服务于农户；二是沟通好和各级领导的关系，充分争取和利用国家相关惠农政策，以诚信、务实的工作作风博得各级领导的支持。

（七）建设一支好的队伍

建设一支素质高、能力强的队伍是合作社良好运行的保障，所以，合作社管理和工作团队建设是相当重要的一环。加强合作社员工队伍建设要从大局意识以及服务意识出发，采取培训进修、参观考察、考核管理等各种形式来提高成员的总和业务素质。以人为本，能知人用人，招才纳贤，增加员工队伍凝聚力和向心力。

第二节　农机专业合作社的建立与登记

一、登记前的准备工作

（一）起草章程

由发起人制定本合作社章程草案，章程是合作社在法律法规和国家政策规定的框架内，根据本社的特点和发展目标制定的、全体成员一致认可并共同遵守的准则，是合作社设立的必要条件和必定程序之一。章程的主要内容包括名称、住所、业务范围，成员权利和义务等方面，具体内容详见"示范章程"。"示范章程"可从中国农民专业合作社网下载。

（二）发展成员

成员必须是具有民事行为能力，且从事同类农产品生产或提供同类服务的农业生产经营者的公民以及企事业单位或者团体，但具有管理公共事务职能的单位除外。

农民专业合作社的成员数必须要有5人以上（含5人），且农民成员不低于80%，团体（单位）成员不超过20%。

（三）召开设立大会

设立时自愿成为该社成员的人为设立人。设立大会是合作社尚未成立时设立人的议事机构。设立大会主要包括以下几项议程：一是通过本社章程；二是选举合作社的领导人，包括理事长、副理事长、理事、监事长或监事；三是其他需要研究的事项。必要时形成会议纪要，并需全体设立人签字。

二、登记

依法登记是农民专业合作社开展生产经营活动并获得法律保护的重要依据。合作社的设立人申请登记时应当向登记机关（工商局）提供如下文件和资料。

（1）登记申请书（工商登记窗口有格式申请登记申请书，可当场索取填写）。

（2）全体设立人签名、盖章（团体成员）的设立大会纪要。

（3）全体设立人签名、盖章（团体成员）的章程。

（4）法定代表人、理事的任职文书（全体设立人签字认可）及身份证明。

（5）全体出资成员签名盖章的出资清单，出资应明确具体是人民币出资还是以土地、房屋、技术等折价出资。

（6）全体成员的身份证复印件。

（7）住所使用证明。合作社以成员自有场所作为住所，应当提交该社有权使用的证明和场所的产权证明，租用他人场所应当提交租赁协议和场所产权证明，如农村房屋没有产权证明的可由村委会出具证明。

（8）法定代表人签署的成员名册，指定代表或委托代理人证明及名称、预先核准通知书，以上工商登记部门均有空白表格直接填写即可。

（9）登记前置许可文件。主要是特定的行业业务范围涉及前置许可的须提交。如棉花加工，需发改部门颁发的棉花加工许可证。

农民专业合作社的业务范围有属于法律、行政法规或者国务院规定在登记前须经批准的项目的，应当提交有关批准文件。

农民专业合作社登记各类文书可以通过国家工商管理总局网站下载或者到市县工商行政管理局领取。办理登记不收取任何费用。

三、备案

合作社经依法登记后，法人代表应将合作社营业执照复印件及相关材料（合作社简介、章程、会议纪要、理事任职文件、法人代表任职文件、监事任职文件、出资清单、租房协议、成员联系电话）报市县农经部门备案，并录入农民专业合作经济组织网。

四、办理其他相关证照

（1）营业执照（三证合一）。办理相关登记所需申请文书和提交材料请咨询当地工商部门，也可登录当地工商行政管理局网站下载。

（2）银行开户许可证。法人代表持相关资料及证件到准备开户所在银行办理，具体流程及要求请咨询当地银行。

第三节　农机专业合作社的组织机构及职能

农机专业合作社通过建立健全具有自身特点的组织机构来体现合作社的基本原则，保证合作社的基本原则，保证合作社效率的实现和成员收益的不断增加。国内外合作社的时间表明，组织机构的健全程度，与合作社的发展水平、成员收益提高的幅度都有关系。

农机专业合作社通常可以有以下机构：成员大会（权力机关）、成员代表大会（代表机关）、理事长或理事会（执行机关）执行监事或监事会（监督机关）、经理等。考虑到每个农机专业合作社的规模不同、经营内容不同，设立的组织机构也不完全相同。农机专业合作社一些机构也并不完全相同。农机专业合作社的一些机构的设置不是强制性规定，而是由章程决定。

一、合作社成员大会及职能

农机专业合作社的成员大会是权力机关，它由全体成员组成。所有成员都可以通过成员大会投票等表决方式，集体行使权力，就合作社的重大事项做出决议。法律规定成员大会的职权主要有如下。

（1）修改章程。合作社章程的修改，需要有本社成员表决权总数的2/3以上通过。

（2）选举和罢免理事长、理事、执行监事或者监事会成员。

（3）决定重大财产处置、对外投资、对外担保和生产经营中的其他重大事项。

（4）批准年度业务报告、盈余分配方案、亏损处理方案。

（5）对合并、分立、解散、清算作出决议。

（6）决定聘用经营管理人员和专业技术人员的数量、资格和任期。

（7）听取理事长或者理事会关于成员变动情况的报告。

（8）章程规定的其他职权。

成员大会行使自己权力的形式就是召开会议，成员大会至少每年应该召开一次。每个合作社可以根据自身情况，适当增加召开会议的次数，并写入章程。这种定期会议是成员大会行使权力的最主要方式。

农机专业合作社可以根据需要召开临时成员大会，出现下列情形之一，应当在20日内召开临时成员大会：一是30%以上的成员提议；二是执行监事或监事会提议。例如，执行监事或监事会发现理事长、理事会或其他管理人员不履行职责，或者其他重要情况发生时，有义务提议召开临时成员大会；三是章程规定的其他情形。

当合作社成员超过150人时，可以设立成员代表大会。成员代表大会是代表机关，由农机专业合作社全体成员代表组成。成员代表的产生办法、任期、代表比例，成员代表大会的职权、会议召集等事项，应当由农机专业合作社章程规定。

二、合作社理事会及职能

农机专业合作社理事长或者理事会是执行机构。理事长、理事会由成员大会从本社成员中选举产生，其产生办法、职权、任期、仪式规则由章程规定。理事长、理事会对成员大会或成员代表大会负责。

按照合作社规定，合作社都要设理事长，且理事长为本社的法定代表人；但理事会可以设立，也可以不设立。合作社是否设立理事会及理事的人数，应依据

成员意见，由合作社章程规定。规模很小、成员人数很少的合作社，必须设理事长，负责合作社的经营管理。

农机专业为合作社理事会行使的职权通常有：① 组织召开成员大会并报告工作，执行成员大会决议。② 制订本社发展规划、年度业务经营计划、内部管理规章制度等，提交成员大会审议。③ 制订年度财务预决算、盈余分配和亏损弥补等方案，提交成员大会审议。④ 组织开展成员培训和各种协作活动。⑤ 管理本社的资产和财务，保障本社的财产安全。⑥ 接受、答复、处理执行监事或者监事会提出的有关质询和建议。⑦ 决定成员入社、退社、集成、除名、奖励、处分等事项。⑧ 决定聘任或者解除本社经理、财务会计人员和其他专业技术人员。⑨ 履行成员大会授予的其他职权。

农机专业合作社一般由理事长或理事会负责其具体经营管理工作。理事长或者理事会应该按照成员大会的决定，聘任经理和财务会计人员。

三、合作社监事会及职能

执行监事或者监事会是农机专业合作社的监督机构。农机专业合作社设执行监事的，不再设监事会。执行监事或者监事会，有成员大会从本社成员中选举产生，对成员大会负责。执行监事或监事会的职权由合作社章程具体规定，通常包括的职权有：监督、检查合作社的财务状况；对理事会或理事长、经理等管理人员的职务行为进行监督；提议召开临时成员大会。设立执行监事或监事会，是为了加强合作社的内部监督，防止合作社的有关负责人滥用职权。农机专业合作社可以设置一名执行监事，也可由多人组成监事会；还可以不设执行监事或者监事会，而由成员大会直接进行监督，以体现民主管理中成员的核心地位和作用。合作社是否设立执行监事或者监事会，应根据需要而定，在章程中加以规定，并在章程中规定执行监事或者监事会的任期和议事规则。

四、农机专业合作社经理

经理是合作社的雇员，是理事会（理事长）的业务辅助执行机构，由理事长或理事会决定聘任和解聘，在理事会（理事长）的领导下工作，对理事会（理事长）负责，负责合作社日常生产经营管理工作，在授权范围内对外代表合作社，对内享有管理合作社事务的权力。合作社也可以不聘任经理。是否聘任经理，应当根据合作社的经营规模和业务发展需要而定。

目前，农机专业合作社经理大多是由理事长兼任，其职责有以下三方面。

（一）履行合作社法人代表职责

主要职权包括六个方面的内容。

（1）主持成员大会，召集并主持理事会议。

（2）签署本社成员出资证明。

（3）签署聘任或者解聘本社经理、财务会计人员和其他专业技术人员的聘书。

（4）组织实施成员大会和理事会决议，检查决议实施情况。

（5）代表本社签订合同等。

（6）履行成员大会授予的其他职权。

（二）制定发展战略和规划

农机专业合作社要能够生存与发展才会有长期的效用。所谓发展，就是朝向长期目标，有计划地变革。所谓战略，就是概括性的大政方针与重要的工作要领。为了合作社的持久经营、永续发展，有必要制定自己的发展策略与规划。每年的成员（代表）大会将该合作社的发展大政方针政策，经大多数成员的同意表决后，要落实于运营计划中，最好编制于财务预算书中，使所有的合作社成员对于本合作社的前途有清楚的共识和责任，以利于战略的实施与合作社的发展。

（三）做出实施决策

农机专业合作社经理（理事长兼任的）是实施合作社成员（代表）大会决策的执行机构和参谋机构，同时在成员（代表）休会期间要根据实际情况和发展需要适时应变，做出相应的实施决策，包括确定和调整发展目标、确定和调整生产经营业务、落实和执行生产计划等。

五、合作社其他管理和工作人员

农机专业合作社可以根据生产经营服务的需要，确定设立必要的工作机构，选配部门或专项业务经理、会计等管理和工作人员。例如，设兼职或专职人员管理账目；根据开展技术服务、运销、加工等业务的需要，可聘请有关工作人员。

合作社的管理和工作人员可以是成员，也可以不是成员。管理和工作人员不论是否是成员，都不能超越法律及合作社章程赋予的权利，特别是不能从事有害于合作社和侵害权力和利益的行为。

六、合作社管理人员不得兼（担）任的职务

为了保证合作社的理事长、理事、经理及有关公务员等，在任职期间全心全意服务本社成员，并保障本社成员的利益不受损失，农机专业合作社的理事长、理事、经理不得兼任业务性质相同的其他专业合作社的理事长、理事、经理。国家公务员和各级政府为农业服务的相关机构中执行与农机专业合作社相关的工作人员，不得担任农机专业合作社的理事长、理事、经理或财务会计人员。这也是减少和杜绝"政社不分"的重要措施。

第四节　农机专业合作社的组织形式

我国农机专业合作社的组织形式，按照不同的分类方式，可以分为以下几类。

一、按照服务功能

可分为单一型和综合型两种。单一型农机专业合作社只从事农机化生产服务；综合型农机专业合作社除从事农机化生产服务外，还从事其他经营服务。

二、按成员合作方式

可分为成员以农机具入股或以土地入股或以农机具、土地等多要素入股的股份式和成员以入社费形式联合起来的非股份式。

三、按组建方式

可分为农民自办型和乡镇农机站、农场、企业、社团组织等带动型。

四、按照发起者身份

可分为以下7种形式。

（1）农机大户领办型。合作社发起人是农机大户、粮食种植大户，联合有机户或无机户组成。大户投资占自筹资金的比例较大。

（2）农机服务组织牵头型。合作社发起人是村农机作业服务队或乡镇农机站所属服务实体改制后牵头联合农机户或无机户组成的合作社。股份由原集体资金、财政扶持资金、以无机顶资、农民投资和以地顶资组成。

（3）村民联办型。合作社发起人是村干部或农村能人，联合农机户或无机户组成。股份有财政扶持资金、财政扶持资金、以无机顶资、农民投资和以地顶资组成。

（4）乡村主办型。合作社由乡村共同发起，自筹资金主要由乡村共同筹集股份由财政扶持资金、乡村自筹资金、以机顶机和农民投资构成。

（5）整合升级型。合作社发起人由原农机协会或专业合作社，将自有的资产、资金、人才、技术整合后，政府投入资金购买农机具，建设新的合作社。股份由财政扶持资金、原农机专业合作社自有资金及以机顶资和农民投资构成。

（6）农场和政府合办型。合作社发起人是农场或县（市）政府，自筹资金由农场投入，县（市）政府投入农机装备，组织土地规模经营。股份由农场、县（市）政府投入资金和农机装备构成。

（7）龙头企业创办型。合作社发起人是企业，企业投资占自筹资金的50%以上。股份由财政扶持资金、企业投资、农民投资和以地顶资构成。

第三章 农机专业合作社规范化建设

推动农机专业合作社规范化建设已经成为当前农机化发展的一大趋势,没有规矩无以成方圆,规范化建设和标准化管理是农机专业合作社建设过程中的重要组成部分,是农机专业合作社发展、壮大的关键因素和必备条件。

第一节 规范化建设目的和要求

一、规范化建设的目的

规范化建设的目的在于为合作社构建一个具有规范化、合理化运行的常态机制。也就是说,通过有效的条例和制度使合作社能形成一种内在的自我调节机制,能够适应各种环境的变化,并在发生问题时能够有效解决,使合作社风险降到最低,实现合作社持续稳定的发展。

二、规范化建设的要求

规范化建设是健全组织机构、完善章程制度、规范运行机制、强化经营服务的过程。要求是通过规范化建设,使合作社达到有独立的法人资格、有规范的章程制度、有实质性的合作内容、有较强的服务功能、有较大的经营规模、有明显的增收效果、有突出的带动效应,从而成为引领农民参与市场竞争的现代农业经营组织。

第二节 规范化建设内容

农机专业合作社作为农民专业合作社的一种组织形式,具有自身的发展特点,在规范内容上主要包括八个方面。

一、规范注册登记

(一)工商登记

按法规的要求,规范合作社的名称、住址、注册资金、经济性质、业务范围等,到地方工商局办理注册登记或者变更手续。

(二)税务登记

尚未领取税务登记证的,要在当地税务部门办理税务登记,并按规定办理相关免征手续。

二、规范组织机构

农机专业合作社的组织机构可分为权力机构、执行机构和监督机构三种,权力机构是指成员(或代表)大会,执行机构是指理事长或理事会,监督机构是指执行监事或监事会。各机构按各自的职权和本社制定的章程制度规范运行(图3-1)。

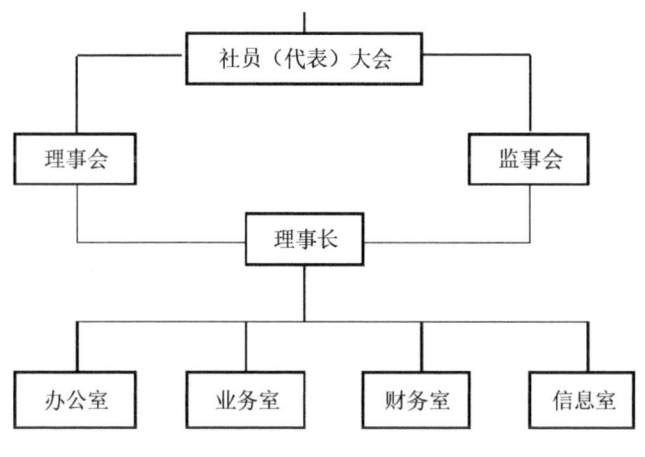

图3-1 组织机构

三、规范章程制度

（一）完善章程

合作社应民主制定和修改章程，并以农业部示范章程为范本，本着精简、实用、有效的原则，对合作内容、利益分配、民主权利等关键性内容进行修改完善，使章程更加符合自身实际，体现本社特色。章程修改后，须经成员大会讨论通过方可组织实施。

（二）健全制度

建立各项规章制度是合作社健康发展的保障，所以制度建设是合作社规范化运营的先决条件。制度建设包括建立民主管理、民主议事、人事制度（含人员聘用制度、人员培训管理制度、绩效考核管理制度）、机务管理、财务管理（含投资及专项资金管理制度、薪酬及效益分配制度）、设备设施管理制度（设备及零配件采购管理制度、低耗及油料管理制度、设备维护保养制度）、经营管理制度、安全管理（含防火防盗制度、防冻防锈制度、危险品管理制度）等制度，建立成员管理台账和资料统计报告制度。登记证书、章程、制度等要上墙张挂。财务报表、工作总结按要求建立正常的报送制度。

（三）严格执行

要严格执行章程制度，一切按照章程制度来办事，谨防章程制度建得很全也很好，关键时候执行不了，变成流于形式、束之高阁的一纸空文。

四、规范民主管理

（一）开好"三个会"

按照章程的规范和要求，成员（代表）大会每年至少召开一次，理事会、监事会每季度至少召开一次，并做好会议记录。对作出所议事项的决定，出席会议的成员（代表）、理事、监事应当在会议记录上签名。

（二）坚持程序议事

实行民主决策、民主管理和民主监督，重大事项由合作社成员（代表）大会讨论决定。成员（代表）大会表决一般应实行一人一票制，出资额或者与本社交易量（额）较大的成员可以享有附加表决权，但不得超过本社成员基本表决权总数的20%。

（三）实行社务公开

合作社应将重大事项、业务经营情况和成员关心的其他事项，包括理事会、监事会决议，成员与合作社的交易、收入支出、盈余亏损、债权债务等情况进行公开，每年至少公开2次，接受成员监督。

五、规范机务管理

（一）农机驾驶员持证操作

农机驾驶操作人员必须自觉到有培训资质的农机培训机构进行学习，经有关部门考试和考核合格后，持有相应的驾驶证和职业资格证书进行作业（图3-2）。

图3-2　驾驶员考核

（二）农机操作技术按规程操作和维修保养

操作人员必须按相关农机具的操作规程进行安全作业，按照机具维修保养制度和手册做好维护保养，达到"高效、优质、低耗、安全"的目的（图3-3）。

（三）农机作业质量标准化

有作业质量标准的，农机驾驶操作人员必须按相关的作业质量标准实施；暂时无标准的合作社要结合作业实际制定相应的作业技术要求。

（四）农机具停放库棚建设规范化

合作社应规范建设三库（机库、油料库、配件库）、一间（维修保养间）、一棚（农具停放棚）和一场（农机具停放场）（图3-4）。

图 3-3　农机维修保养

图 3-4　农机停放库

六、规范财务管理

（一）强化会计核算

严格执行《农民专业合作社会计制度（试行）》，独立建账，确保会计资料真实、完整，归档管理。合作社与其成员的交易以及与利用其服务的非成员的交易，应当分别核算。合理使用国家财政扶持资金和他人捐赠资金，形成的财产应平均量化到每一个成员。定期编制资产负债表、盈余及盈余分配表、收支明细表、成员权益变动表和财务状况说明书，接受农业行政主管部门的审计和监督。

（二）建立成员账户

主要记录成员的出资额、量化为该成员的公积金份额、该成员与本社的交易量（额）以及盈余返还和剩余盈余分配金额，确保合作社产权明晰。

（三）做好盈余分配

按章程规定或成员（代表）大会决议提取公积金，并按规定用途使用，所提公积金按章程规定量化为每个成员的份额。提取公积金后的可分配盈余，按章程规定或成员（代表）大会决议分配，其中按成员与本社的交易量（额）返还的总额不得低于60%。剩余部分以成员账户记载的出资额和公积金份额，以及本社接受国家财政直接补助和他人捐赠形成的财产平均量化到成员的份额，按比例分配给本社成员。

（四）配好财会人员

会计人员持证上岗，会计和出纳不得相互兼任，正副理事长、理事、监事及其亲属不得担任本社的财会人员。加强财会人员的业务指导和培训，提高依法理财、科学理财的能力。合作社自身不具备条件的，可委托当地农村经营管理部门代理财务管理和会计核算。

七、规范经营服务

（一）建立健全经营基础

固定的经营场所是合作社稳定发展的标志，建立固定的经营场所才能更好地开展经营服务。要有规范的生产技术规程和农机作业项目质量标准，并做到制度上墙，便于服务对象监督。建立健全生产档案和规范化的售后服务体系，做到诚信经营、服务到位。

（二）充分发挥服务功能

适应一二三产业融合发展需求，全面开展农机作业、维修、加工、运输、储藏等全流程服务；立足资源、面向市场，不断拓宽经营范围和区域，发展系列和深度加工，推进产业化经营。发挥培训功能，定期开展技术指导和培训服务；统一收费（销售）价格，价格公示上墙，做到价格透明、服务诚信。

（三）提高经营服务水平

服务能力和水平是保证合作社服务质量的先决条件。合作社要定期开展内部培训，学习相应知识和技能，努力提升社员及服务人员的技术能力和水平。统一农机作业项目和项目认证，实施标准化生产，推动产业升级，提升整体质量。统一使用注册商标和包装,大力推进品牌发展,实施品牌营销战略。

八、规范档案资料的管理

做好合作社内部各类档案文件的收集、整理和归档工作。包括往来批复文件、上级来文、合作社章程、制度、计划、决议、合同协议、会议记录、会计报表、图片资料等,做到类别清晰、查找方便。

第三节 合作社基础设施规范化

一、农机专业合作社办公配套基础设施

具备一定规模的农机专业合作社,配套基础设施应有办公场所,办公场所一般应包括理事长办公室、会议室(培训室)、财务室、档案室和机务人员休息室。

二、农机专业合作社机务配套基础设施

机务配套基础设施一般应包括三库:机库、零件库和油料库。一间即农机具维修间,一场即配套农具停放场(图3-5~图3-9)。

图3-5 全封闭式农机库

图 3-6　半封闭式农机库

图 3-7　油料库

图 3-8　维修间

图 3-9　零件库

三、配套基础设施建设原则和要求

（一）建设原则

合作社建设应遵循"合法合规、布局合理、因地制宜、经济实用"的原则。

（二）建设要求

（1）办公配套基础设施要求。

办公室功能划分合理，办公设备配备齐全，干净整洁，面积适中。

（2）机务配套基础设施要求。

机库：建设面积应结合合作社场地实际和需入库存放的机具数量确定，有条件的可适当增加机库面积，有足够空间便于机车出入、维护和维修，基本按照一个停机位 $28m^2$ 测算，机库高度应超出农机具最高点 40cm 以上。

零件库：建设面积应根据合作社拥有机具数量确定，一般为 $28m^2$，要有零件置放架或整理存放箱，便于查找零部件；

油料库：应独立设置，建造位置要远离明火，并具备有效隔离设施，储油器具要有良好的密封性，满足消防安全要求。

维修间：维修间的结构、设施应满足相应维修作业要求，水、电、气等供给可靠，并符合安全、环保和消防等有关规定，地面坚实平整。面积不少于 $40m^2$，应具备机具停放场地和条件，停放面积一般不小于 $60m^2$，应配备必要的文件档案柜、工具仪器柜等设施。

第四章 农机专业合作社作业服务组织和实施

农机作业服务是农机专业合作社经营效益的主要来源，规范、系统和高效农机作业组织与管理是农机合作社管理的核心内容，是农机作业服务专业化和作业质量标准化的重要保障，农机合作社作业组织与管理主要包括农机作业计划管理、农机作业组织与实施、农机作业技术规范三方面。

第一节 农机化生产计划的制订

计划管理是农机合作社经营管理的重要环节，计划管理是协调农机合作社经营活动中各种比例关系的需要，拖拉机数量与耕地之间、主机与配套农具之间、农机使用与修理、农机维修与油料、零配件的供应与储备之间的比例关系等等，都应有计划地作出科学安排。通过《农机作业合同》，把农机合作社与农民的生产计划紧密结合起来，达到合理地利用人力、财力、物力。只有加强计划管理，才能充分发挥机具的效能，使农机合作社有秩序地开展农机经营活动。

一、农机作业计划

（一）编制计划的原则

编制计划，是农机合作社执行计划，完成作业合同的重要步骤。为了使农机合作社编制计划具有科学性、预见性和可行性，必须遵守以下原则。

（1）遵循"因地制宜，从实际出发，有选择、分阶段发展"的原则，有目的、分步骤地实施农机化。

（2）坚持以农田作业机械为主，使农机合作社为农业的产前、产中、产后提

供系列化服务，达到农业增产，农户增收的目的。

（3）应根据农机合作社的机具保有量、经济承受能力，坚持量力而行，积极稳妥原则。

（4）根据农民对农机化的需求，以签订《农机作业合同》为主的原则。

（二）编制计划的方法

按照计划的时间长短，分为长期计划和短期计划两种。长期计划又称为农业机械化规划；短期计划包括年度计划和阶段作业计划，由于农业生产的连续性和季节性等特点，这几种计划之间相互联系、相互补充，构成农机合作社内部计划的完整体系。编制计划的方法如下：编制农机作业计划，应考虑农机合作社所服务地区的农作物种植品种、种植面积、土地经营方式、种植形式、原有机械化水平以及农民迫切要求机械作业项目等情况，根据本合作社现有机具保有量型号和数量、服务模式、资金储备等情况，确定长期计划、年度计划和阶段作业计划。

二、机具维护保养计划

维护保养计划是贯彻计划预防维护制度的重要手段。制订维护保养计划的目的在于明确计划期（年度、季度、月份）内拖拉机应执行的技术维护号别、次数及分布情况，以便有计划地组织和提供所需技术力量与物资设备，保证维护质量，并妥善解决农忙急用与停车维护的矛盾。制定维护保养计划的依据是拖拉机计划期内工作量、维护周期以及该拖拉机自上次大修后累计工作量或耗油量等。

三、油料计划

正确制订油料计划，可以及时地供应合格清洁的各类油料，保证生产的正常进行。油料计划包括主燃油和润滑油的规格和数量。油料需要量除机械作业消耗外，还应把维护修理和试运转等用油包括在内。

基层生产单位的油料需要量 G，可以按计划作业量 U（工作小时或标准公顷）及其耗油量定额 Q（千克/小时或千克/标准公顷）进行计算，其计算公式如下：

$G=UQ[1+(0.1\sim0.15)]$

式中：U——计划作业量（小时或标准公顷）；

Q——耗油量定额（千克/小时或千克/标准公顷）。

式中的 0.1~0.15 为临时增加需要的储备量系数。

润滑油的需要量一般是按主燃油耗量的百分比计算确定的，柴油机机油占主燃油耗量的 3%~5%；润滑脂和齿轮油各占主燃油耗量的 0.5%；汽油机机油占主燃油耗量的 4%。

四、备件及材料计划

制订备件及材料计划可以有计划地组织和安排配制、修复、采购供应，保证机器在日常工作中和在维护修理时所必需的材料和备件，做到保证供应，避免积压。

制定计划前，应对各项备件及材料的消耗定额和历年资料进行调查和分析，了解本农机专业合作社的修复能力以及库存量，然后根据拖拉机及作业机械的维护修理计划，按照各项备件和材料的消耗定额，参照历年消耗情况，制订出本年度的备件材料计划，计划中应列出备件及材料的品名、型号、规格、数量及供货时间，注明单价及总价，以便有计划地供货与调配资金。

第二节　农机作业组织实施

当前，农机专业合作社的作业服务项目已覆盖了农业生产的耕、种、收、植保等全过程，作业服务提供形式也由跨区作业拓展到订单作业或承包作业等多种形式。

一、单项农机作业组织实施

单项农机作业组织实施是指针对一项完整的作业项目所进行的工作过程，它包括作业方法的制定、农艺要求、机具和田间准备、行走路线的确定、机具运输等各项方案的落实。现以谷物收获作业的组织实施为例进行介绍。

（一）合理选择谷物收获方法

依自然、经济社会条件不同，各地机械化谷物收获工艺方法有较大差别，种类繁多。按进行收割、脱粒和初步清选的方式，可分为直接（联合）收获法和分段收获法两大类，应因地制宜选用。

直接收获法是用联合收割机一次完成收割、脱粒、分离和清选等作业。它的优点是：机械化水平高、生产效率高、劳动强度低，总损失量也低，特别有利于抢收、抢种、抢农时。

分段收获法是用机械把谷物收割、脱粒、分离和清选等作业分为两个以上的阶段完成。以收小麦为例，先用割晒机或联合收割机收割，成条铺放在割茬上晾晒 3~5 天，降低其含水率，利用作物的后熟作用使籽粒继续成熟一致，再用装有捡拾器的联合收割机捡拾、脱粒、分离和清选。其优点是：籽粒饱满、光泽好，提高了质量；提前收割和后熟，延长收获时间，缓和了农忙季节的劳动力需求但是增加了作业次数，损失率增加，如遇雨季可能使籽粒发芽或霉烂。

（二）机具和田间准备

直接收获作业前 10~15 天，应完成机具技术检修工作。除进行空转试运转外，并进行试割，进一步检查各部件工作情况是否正常，发现问题及时解决。同时要调查道路、田块和作物成熟情况、倒伏程度、植株高度、穗幅差等，是否适合机械收割。拟订作业计划，组织人员、机具和运输工具，做好油、物料、零配件和田块的准备。

（三）收割作业

（1）收割机试割。进入地块先试割 20m 左右，对联合收割机的技术状态和作业质量进行检查调整，使其达到最佳工作状态。

（2）联合收割机收割作业。联合收割机的粮箱偏右，应从田块右角进入，进行左转弯作业；否则，反之。根据田块的大小选择纵向两边收割法或四边收割法等。机械收获应执行谷物联合收获机作业质量标准。

（四）机具运输

半喂入联合收割机长距离的移动是靠卡车来运输的，轮式联合收割机一般是自驾移动。

二、跨区作业组织实施

跨区作业组织实施是指驾驶操作各类农业机械跨越县级以上行政区域（邻县除外）进行农田作业的活动。目前已由收获作业扩大到耕整、栽植、植保和农业工程等范畴。

（一）跨区作业的特点和政策

1. 跨区作业的特点

图 4-1 跨区作业农机服务组织

开展跨区作业可有效利用现有农业机械设备资源，提高机械的利用率，改善农业生产条件，抢农时、抗灾害，保证农作物适时作业，促进农民和农机户增收（图 4-1）。

2. 跨区作业的好处

跨区作业的好处十分显著：对农机经营者来说，能充分发挥机械的作用，提高机械的利用率和投资效益；对农民来说，既能达到抢收抢种抢农时的目的，又能降低成本，实现节本增效的目的。这种农机服务模式符合我国的国情，是农机服务走向专业化、产业化、社会化的重大突破。

3. 跨区作业的相关扶持政策

鉴于跨区作业的社会效益、经济效益显著，受到国家的重视，相继制定了相关法律法规和扶持政策。

（1）在《农业机械化促进法》中规定："国家鼓励跨行政区域开展农业机械作业服务。各级人民政府及其有关部门应当支持农业机械跨行政区域作业，维护作业秩序，提供便利和服务，并依法实施安全监督管理。"

（2）农业农村部下发了《联合收割机跨区作业管理办法》。办法中规定：①从中央到省、市、县都成立跨区作业临时领导机构，以加强对跨区作业的组织协调与管理。农机行政部门是农机跨区作业的主管部门，负责辖区内跨区作业的组织协调、监督管理等方面的工作。同时，公安部、交通部、机械部、国家计委、中国石油化工总公司也是全国跨区作业工作领导小组成员单位。②农业农村部负责印刷和免费发放相关机具的跨区作业证，在跨区作业期间，机车凭跨区作业证可以在除高速公路、全封闭汽车专用道以外的道路上行驶并免收过桥、过路费。③组织协调有关单位做好联合收割机等机械的维修和零配件、油料的供应。④农机管理部门应当做好跨区作业有关接待和服务工作，设立跨区作业服务热线电话，为机手及时提供跨区作业信息等。⑤在过境、转移作业时，任何单位和个人不得非法上路拦截、诱骗、强迫驾驶员进行收割作业。对砸抢机车、拦劫敲诈驾驶员的，移送公安机关依法惩处。

（3）各地政府和有关部门对跨区作业机械给予多种优惠措施，如作业收入免税、技术培训和油料优先、优惠供应等。

（二）跨区作业前的准备工作

1. 掌握相关法规政策

学习掌握《农业机械化促进法》《联合收割机跨区作业管理办法》《联合收割机及驾驶员安全监理规定》等相关法规政策，依法进行跨区作业，同时学会利用法规政策保护自己。

2. 做好农机跨区作业条件的准备

（1）随车悬挂农机监理机构核发的有效号牌和携带行驶证。

（2）驾驶人员持有农机监理机构核发的有效驾驶证。

（3）取得县农机管理部门核发的《联合收割机跨区收获作业证》（简称《跨区作业证》）。

（4）参加由县农机管理部门备案的跨区作业中介服务组织统一组建的跨区作业队，并服从其管理和调度。

（5）与跨区作业的供需双方签订跨区作业合同，并报当地农机管理部门备案。跨区作业合同一般包括以下内容：联合收割机数量和型号、作业地点、作业面积、作业价格、作业时间、双方权利和义务以及违约责任等。

（6）配备有效的灭火器材。

（三）领取跨区作业证

从事跨区作业的联合收割机机主，应向当地县级以上农机管理部门申领《跨区作业证》。申领《跨区作业证》应具备三个条件。

（1）具有农机监理机构核发的有效号牌和行驶证。

（2）参加跨区作业队。

（3）参加由县农机管理部门备案的跨区作业中介服务组织。

对符合条件的，农机管理部门免费发放《跨区作业证》，并逐级向农业部登记备案。

（四）获取机手跨区作业信息

跨区作业信息包括作业地点的地理位置、农作物种植面积、收获时间、计划外出（引进）作业机具的数量、作业参考价格、农作物收获进度、农机管理部门的服务电话以及交通状况及至风俗习惯等内容。机手可通过以下渠道获得信息：一是向当地农机管理部门咨询；二是参阅农机化专业报纸发布的公开信息；三是可通过互联网了解跨区作业信息。

（五）计算作业面积

参加跨区作业的机手，应自备皮尺和计算器，作业前先丈量地块的长度和宽度，然后按照下列公式计算作业面积。

作业面积（亩）＝长度（m）×宽度（m）÷666（㎡）。

（六）检修和维护机具

对跨区作业的机具进行认真全面地维护保养，确定技术状态的完好。对新购的机具要按照说明书的要求进行磨合试运转,要备足易损件和必要的维修工具及应急照明设备。

(七)组织配备人员

收割机跨区作业不仅要有两名具有本机型驾驶证和职业资格证书的驾驶员,同时还要有专人负责联系地块、丈量地块、收作业费、购买柴油和配件、维护收割机等许多后勤服务工作,因此每个机组一般配备4~5人为宜。

(八)准备常用物品

出发前要带好身份证或有关证明、带足经费,新机要携带三包凭证和购机发票,有条件的最好自备交通工具、通信工具和GPS导航仪。

第三节　农机作业技术规范

一、旋耕整地机械化作业技术规范

(一)技术要点

旋耕机是与拖拉机配套完成耕整地作业的耕耘机械。因其具有碎土能力强、耕后地表平坦等特点,而得到了广泛的应用。使用者只有熟悉旋耕机的结构特点、工作原理和性能正确掌握,使用方法才能发挥其功效、防止机具或人身事故的发生(图4-2)。

图4-2　旋耕整地作业

（二）作业规范

1. 正确选择旋转刀片安装方式

不同刀片安装方法可以得到不同的耕作效果。刀片安装分3种：一是常用刀片安装方式，这种排列方式耕作后地表平整，适用于平耕；二是旋耕–开沟联合作业安装方式，这种排列方法耕后地中间开成一浅沟，土块抛向两侧，以利中间开沟作业的进行；三是畦作刀片安装方式，机器跨沟旋耕时，部分土地被抛向沟中达到填沟的作用。进行旋耕作业时，要根据不同农艺要求，选择合适的刀片安装方法。

2. 万向节传动轴的安装

万向节传动轴由2个活节组成，安装时需注意两点：一是旋耕机在升起或工作状态时，方轴与套既不要顶死，还要有足够的配合长度；二是必须使方轴及套的夹叉处于同一平面内，以免影响作业质量和造成拖拉机与旋耕机传动系统及相关零件损坏。

3. 旋耕机的调整

左右水平调整：拖拉机停放在平地上，将旋耕机降下使刀尖接近地面，看其左右刀尖离地高度是否一致，若不一致，可通过拖拉机悬挂机构左右提升杆调整，使旋耕机处于水平状态，以保证左右耕深一致。

万向节前后夹角的调整：将旋耕机下降到要求耕深时，看其万向节总成前后夹叉是否水平，夹角是否最小，前后夹角是否相等。可用调节上拉杆长度的方法，保证万向节夹角最小，使之处于最有利的工作状态。

耕深的调节：通过液压悬挂机构升降来调节耕深，为保证旋耕机作业时耕深一致，可用定位手轮将调节手柄挡住或将油缸活塞杆上的定位卡箍调整适当后固定。

旋耕机提升高度的调整：由于万向节夹角不宜过大，一般在转弯提升时只要使刀尖离地20cm即可，可以不切断动力输出而转弯空行，如遇过沟埂或道路运输需提升到较高位置限制，在调节扇形板上的适当位置固定限位螺钉，使调节手柄在提升时每次都处于同一位置，达到相同的提升高度。

4. 前进速度选择

旋耕机前进速度选择的原则是满足碎土和沟底平整的要求，既要保证耕作质量，又要充分发挥拖拉机的功率，达到高效、优质、低耗的目的。

5. 作业注意事项

在旋耕机升起状态下，结合动力输出轴，挂上工作挡，要柔和地松放离合器踏板，同时操纵液压机构调节手柄，使旋耕机逐渐入土，到正常耕深，禁止起步前先将旋耕机入土到耕深或猛放入土，因为这会使旋耕机损坏和拖拉机离合器严重磨损，特别严重时会使动力输出轴折断。

检修保养旋耕机时，必须切断动力，以防传动部件伤人。旋耕作业中严禁倒车，倒车时需将旋耕机升起。转弯时，必须将旋耕机升起，禁止在耕作中转弯，否则将使刀片变形、断裂，甚至损坏旋耕机。工作时，禁止在旋耕机上或机后站人。注意经常检查万向节插销及十字节挡圈，已损坏或技术状态不良时应禁止继续使用，以免发生意外。进行长距离运输或转移时，应拆除与拖拉机动力输出轴连接的万向节，并将旋耕机升到最高位置。

（三）作业质量标准（表4-1）

表4-1　旋耕机作业质量指标要求

序号	项目	质量指标要求
1	旋耕深度	应根据地块土壤墒情及当地农艺要求确定，一般为12~16cm，误差不大于2cm
2	重耕率	不大于1%
3	漏耕率	不大于1%
4	地表平整度	旋耕作业后，要求地表平整，碎土均匀，土层疏松，地头整齐

二、春季玉米免耕播种机械化作业（图4-3）技术规范

图4-3　春玉米免耕播种机械化作业

(一)技术要点

按保护性耕作的相关要求,对上年玉米留茬地进行春季深松(浅耕、浅耙)后,利用免耕播种机进行玉米免耕播种作业。

(1)播种深度。播种深度根据土壤墒情而定。播种深度一般为3~6cm。当播期墒情不好,干土层较厚时应实行深开沟,浅覆土,保证种子播在湿土上。覆土要均匀、严密,应尽量避免根茬和秸秆覆到种带上。

(2)施肥深度8~10cm,种、肥间距在3~5cm。

(3)玉米种植密度要与品种要求相适应,一般播量在2.5~3.5kg/亩。

(4)亩施肥量根据地力情况,一般25~35kg/亩。

(5)根据农艺要求确定株行距,一般在60~70cm,播行要直,行距要一致。

(二)作业规范

玉米播种机具有播种均匀、深浅一致、行距稳定、覆土良好、节省种子、工作效率高等特点。正确使用玉米播种机应注意掌握以下10个要点。

(1)使用前首先要仔细阅读产品说明书并检查播种机上的相关零部件,对玉米播种机的各种性能要做到心中有数,避免发生机器故障。每次作业前都应检查播种机传动部位润滑油是否充足,零部件连接是否紧密,连接螺栓是否紧固,各转动部位是否灵活。在播种作业中若发现有声音异常情况,应立即进行停车检查,查看故障,进行必要地检修。

(2)播种机与拖拉机挂接后,机架不得倾斜,工作时应使机架前后呈水平状态。

(3)按使用说明书的规定和农艺要求,将开沟器的行距、开沟覆土镇压轮的深浅、播种量进行适当调整。

(4)加入种子箱的种子,达到无小、秕、杂,以保证种子的有效性;种子箱的加种量至少要加到能盖住排种盒入口处,以保证排种流畅。

(5)为保证播种质量,在进行大面积播种前,一定要坚持试播20m,观察播种机的工作情况。请农技人员、当地农民等检测会诊,确认符合当地的农艺要求后再进行大面积播种。

(6)播种顺序应先横播地头,以免将地头轧硬,造成播深太浅。

(7)农机手选择作业行走路线,应保证加种和机械进出方便,播种时要注意匀速直线前行,不能忽快忽慢或中途停车,以免重播、漏播;为防止开沟器堵塞,播种机的升降要在行进中操作,倒退或转弯时应将播种机提起。

（8）播种时经常观察排种器、开沟器、覆盖器以及传动机构的工作情况，如出现堵塞、粘土、缠草、种子覆盖不严等现象，及时予以排除。调整、修理、润滑或清理缠草等工作必须在停车后进行。

（9）作业时种子箱内的种子不得少于种子箱容积的1/5；运输或转移地块里时，种子箱内不得装有种子，更不能装其他重物。

（10）玉米播种机工作时，严禁倒退或急转弯，玉米播种机的提升或降落应缓慢进行，以免损坏机件。

（三）作业质量标准（表4-2）

表4-2 玉米播种机作业质量指标

序号	项目	质量指标要求
1	种子机械破损率	≤1.5%
2	播种施肥深度合格率	≥75%
3	漏耕率	≤1%
4	晾籽率	≤1.5%
5	粒距合格率	≥95%
6	漏播率	≤2.0%
7	重播率	≤2.0%
8	地表覆盖变化率	≤25%
9	地表平整度	播后地表平整，镇压连续，无因堵塞造成的地表拖堆，地头无明显堆种、堆肥、无秸秆堆积

三、中耕追肥机械化作业技术规范

（一）技术要点

使用追肥机械按照农艺要求，一次完成开沟、施肥、覆盖和镇压等作业工序。

（二）作业规范

1.使用前应先调试好，润滑各转动部位，保证排肥器、排肥管排肥畅通，各转动部位转动灵活。

2.追肥机械要有良好的行间通过性能，施肥后覆盖且镇压密实。

3.机械深施肥应符合当地的作物种植农艺要求，施肥深度大于6cm；作业时不应有断条现象，排肥断条率小于3%，施肥位置准确率≥70%。

(三)作业质量标准(表4-3)

表4-3 中耕追肥机械作业质量指标

序 号	项 目	质量指标要求
1	施肥深度	≥6cm
2	排肥断条率	≤3%
3	施肥位置准确率	≥70%
4	通过性	无明显伤根、伤苗问题

四、化肥深施机械化作业技术规范

(一)技术要点

化肥深施机械化技术是一项使用深施机具,按农艺要求的品种、数量、施肥部位和深度适时将化肥均匀地施于土壤中的实用技术。

(二)作业规范

1.深施作业前要检查机具技术状况,重点检查施肥机械或装置各连接部件是否紧固,润滑状况是否良好,转动部分是否灵活。

2.调整施肥量、深度和宽度,使机具满足农艺要求。调整时肥箱里的化肥量应占容积的1/4以上。

3.作业中要做到合理施用化肥,应遵循以下基本原则:①选择适宜的化肥品种。②化肥与有机肥配合施用。利用互补作用满足各个时期作物对养分的需要。③按施肥量和各种营养元素的适宜比例做好施肥作业。

(三)作业质量标准(表4-4)

表4-4 化肥深耕机械作业质量指标

序 号	项 目	质量指标要求
1	各行排肥量一致性变异系数,%	≤13.0
2	各排肥量稳定性变异系数,%	≤7.8
3	施肥均匀性变异系数,%	耕翻施肥机械≤60;播种、移栽施肥机械、追肥机械≤40
4	断条率,%	≤2
5	施肥量偏差,%	≤15

五、大田植保机械化作业（图4-4）技术规范

图4-4 大田植保机械化作业

（一）技术要点

根据作物病虫草害发生的状况，按照农艺要求，选择适用的植保机具和药剂，对大田作物实施农药或除草剂喷洒作业。

（二）作业规范

（1）喷头要能适应施液量、压力、前进速度和喷幅要求，并按照机具使用说明书进行安装。

（2）确定机组行走速度，再选择相应的拖拉机作业挡位，一般控制在3~8km/h。

（3）机具应在额定转速、预定工作压力下，用水进行15min试运转。

（4）各喷头之间喷量的差异不应大于喷量平均值的±10%；喷杆上各喷头的喷量分布均匀性变异系数不应大于15%。

（5）机具试运转后，在0.3兆帕压力下关闭节流阀20s后，在1min内，允许2~3个喷头滴漏液量总量不应大于10滴，喷幅大于12m为3个，小于12m为2个。

（6）在使用说明书规定的最高工作压力下机具运转3min，各工作部件及连接处、密封件处不应有松动和渗漏。

（7）在配药、施药、清洗机具时均应穿戴相应的防护用品；操作人员每天施药时间不得超过6h。

（8）应根据农药产品标签或使用说明书规定的使用条件进行施药，作业时的风速应在 1~4m/s。

（9）根据风向确定机组的行走路线，机组前进方向应与风向垂直或偏斜一定角度并从下风侧开始施药；作业时应避免重喷、漏喷。

（10）苗前施药时，喷杆高度一般距地面 40~60cm；苗间施药时，喷杆高度距作物顶部应不小于 20cm。

（11）作业时应先接合动力，然后打开送液开关进行喷洒；停车时应先关闭送液开关，后切断动力。

（三）作业质量标准（表 4-5）

表 4-5 大田植保机械作业质量指标

项目			质量指标要求		
			常规量喷雾	低量喷雾	超低量喷雾
药液覆盖率	非内吸性药剂		≥ 33%	—	—
雾滴沉积密度（滴/cm^2）	杀虫剂		—	≥ 25	≥ 10
	杀菌剂	内吸性杀菌剂	—	≥ 20	
		非内吸性杀菌剂	—	≥ 50	
	除草剂	内吸性除草剂	—	≥ 30	—
		非内吸性除草剂	—	≥ 50	
雾滴分布均匀性（变异系数）	手动喷雾器		≤ 30%	≤ 40%	—
	机动喷雾机		≤ 50%	≤ 50%	≤ 70%
作物机械损伤率			≤ 1%		

六、小麦收获机械化作业（图 4-5）技术规范

图 4-5 小麦机械化收获作业

（一）技术要点

农作物收获机械化技术，是指利用机械装备对农作物进行收割、脱粒、清选等作业的技术。北京"三夏"机收作业主要涉及小麦的收获，正确应用收获机械化技术，可以保证适时收获、减少损失、降低成本。

（二）作业规范

各区域农作物的种植密度、秸秆高度、亩产量、谷草比等作物属性和收获条件都有很大差异，作业时要选择有代表性的地块进行试割检查，及时调整联合收割机，如凹版间隙、拨禾轮位置、割茬高度、振动筛倾角等，降低收割损失和破碎率，提高籽粒的清洁度，保证收获质量。

（三）作业质量标准

根据 NY/T 995-2006《谷物（小麦）联合收获机械作业质量》要求，全喂入联合收割机收获总损失率≤2.0%、籽粒破损率≤2.0%、含杂率≤2.5%，无明显漏收、漏割。割茬高度应一致，一般不超过15cm，留高茬还田最高不宜超过25cm。机械作业后无油料泄漏造成的粮食和土地污染。为提高下茬作物的播种出苗质量，要求小麦联合收割机带有秸秆粉碎及抛撒装置，确保秸秆均匀分布地表。另外，也要注意及时与用户沟通，了解用户对收割作业的质量需求。

七、小麦秸秆还田机械化作业技术规范

（一）技术要点

小麦秸秆切碎直接还田技术是在小麦联合收获作业时，对小麦秸秆进行直接切碎，并均匀抛撒的还田技术。采用带小麦秸秆切碎和抛撒功能的小麦联合收割机，或在小麦联合收割机出草口处，装配专门的小麦秸秆切碎抛撒装置进行联合收获作业，一次完成小麦切割喂入、脱离清选、收集装箱、小麦秸秆切碎抛撒等技术。

（二）作业规范

1. 选择机具

近几年来，出厂的小麦联合收割机在出草口处，都设计了小麦秸秆切碎器安装接口。优先选择与小麦联合收割机同一生产企业生产的小麦秸秆切碎器；其次选择具有"农业机械推广鉴定证书"的产品，确保产品质量。选择的切碎器要与联合收割机动力相匹配。从试验示范情况看，对喂入量2kg/s，发动机在70马力以上的小麦联合收割机，均可配备小麦秸秆切碎器。

2. 安全试运转

小麦秸秆切碎器安装后，检查各部保护装置，人员撤到安全位置后，空运转 10~20min，检查工作部件是否运转良好，皮带松紧程度是否合适。无问题后，再进行负荷作业。

3. 检查保养

小麦秸秆切碎器转速和冲击频率较高，每班次（8h）要保养一次，各运动部位加注润滑油，调整皮带张紧度；每工作 40h，应检查各运动部件间隙、紧固件紧固程度，调整维修后再工作；使用完毕后，应清除壳体内外杂物，拆下皮带，壳体内部涂油，以备来年再用。

4. 注意作业负荷

小麦秸秆量过多或湿度较大时，应降低收获速度，确保切碎效果。

5. 安全使用

作业时，禁止任何人跟随在切碎器后方。切碎机防护装置不能私自拆除、改装；旋转部件不准增速。发生震动或异响时，应立即停机检查；检查时，必须关闭发动机并拔下钥匙。

6. 及时更换刀片

刀片磨损或丢失将造成切碎器震动，切碎质量下降，应及时更换同型号、同重量的刀片。

（三）作业质量标准

小麦秸秆切碎长度 ≤ 15cm，切断长度合格率 ≥ 95%，抛撒不均匀率 ≤ 20%，漏切率 ≤ 1.5%。

八、夏玉米播种机械作业（图 4-6）技术规范

（一）技术要点

免耕抢茬播种技术就是在小麦收获后的地块上，不耕翻土壤，采用玉米免耕播种机械直接进行播种的技术。采用玉米免耕播种机一次进地，完成开沟、深施肥、播种、覆土、镇压等作业工序。

（二）作业规范

（1）选择机具。玉米免耕播种机有气吸式精量播种机、仓转式穴播机和窝眼轮式条播机，可根据经济条件和需求进行选择。实施玉米精量播种，可不用间苗，玉米种子发芽率要达到 95% 以上，确保玉米播种质量。

图 4-6　夏玉米机械化播种作业

（2）增加种植密度。玉米种植密度要与品种要求相适应，一般播量在 2.5~3.5kg/亩，耐密紧凑型玉米品种密度要达到 4 200~4 700 株/亩，大穗型品种密度要达到 3 200~3 700 株/亩，高产田适当增加。

（3）规范玉米种植行距。根据农艺和玉米机收要求，坚持农机与农艺相结合的原则，大力推广玉米等行距免耕播种，播种行距一般在 60~70cm，以利玉米机收和提高产量。在行距一定的情况下，通过调整播种株距，达到不同玉米品种所要求的种植密度。

（4）正确调整机具。按照使用说明书，正确调整排种（肥）器的排量和一致性，确保种植密度；调整镇压轮的上限位置，保证镇压效果；调整播种机架水平度，确保播种深度一致。

（5）适时抢墒播种。玉米播期以 6 月 1 日到 20 日为宜。收获小麦后及时抢墒播种，最好当天收获当天播种，促进玉米早发。墒情差时，可先播种后灌溉；旱作区应抢墒播种。

（6）控制播种深度。在墒情合适的情况下，播种深度一般控制在 3~5cm，沙土和干旱地区播种深度应适当增加 1~2cm。

（7）种肥合理施用。施肥深度一般为 8~10cm，与种子上下垂直间隔距离在 5 厘米以上，最好肥、种分施在不同的垂直面内。肥料以颗粒状复合种肥为好，施肥量 10~20kg/亩。为减少用工，有条件的地区，可选用缓释肥，随播种作业一次性施足。

（8）先行试播。正常作业前，要试播一个作业行程。检查播种量、播种深度、施肥量、施肥深度、有无漏种漏肥现象，并检查覆土镇压情况，必要时进行适当调整。

（9）作业中注意观察。随时观察秸秆堵塞缠绕情况，发现异常，及时停车排除和调整。机组在工作状态下不可倒退，地头转弯时应降低速度，在划好的地头线处及时起升和降落。

九、玉米收获机械化作业（图4-7）技术规范

图4-7　玉米收获机械化作业

（一）技术要点

玉米收获机械化技术是指利用玉米联合收获机一次完成收割、摘穗、剥皮、果穗集箱和茎秆粉碎还田或回收等多项作业。

地区玉米机械收获作业有机械摘穗+秸秆粉碎还田、机械摘穗剥皮+秸秆粉碎还田、玉米青贮和玉米秸秆收割四种模式，各地要根据当地作业实际情况选用适宜的技术模式。

（二）作业规范

（1）收割机组进入工作现场，首先初步了解作物生长情况、标定障碍物及酝酿方案。

（2）按照利于接运果穗和连续转向的要求确定首割行；机械调整到工作状态并和运输车辆协调地顺直行进。

（3）自走式收割机在收割前，应先把切碎机滚子转速逐渐地从最小增加到额定转速方可作业，还应开出10m宽的地头，并沿着玉米行方向划分作业小区。

（4）牵引式收割机作业时，牵引机车要保证行驶准确，使玉米植株顺利进入

摘穗辊，特别在行距不规则时，更应加倍注意。

（5）当结穗部位低，严重倒伏时，摘穗辊尖和扶导器尖部应尽量低摘穗辊尖低到不刮地为止，扶导器尖接近地面滑动，其他情况下适当调整摘穗辊尖和扶导器。

（6）玉米收割机作业到地头时应停住牵引车，空转几秒钟，待第二个开运器中果穗输运完毕再转弯，避免果穗掉到拖车之外。

（7）作业过程中，司机精神集中操作并随时检查收割质量和茎秆切碎质量，根据实际情况及时对各工作部件进行调整。发现作业质量问题或机具故障，必须停止作业，切断机器动力进行调整和排除故障的操作。

（8）机车工作中，严禁非工作人员进入作业现场，分散司机注意力；任何人员不得进入待割区。

（9）运输过程中应将玉米联合收获机及秸秆还田装置提升到运输状态，前进方向的坡度大于15°时，不能中途换挡，以保证运输安全。

（10）地面坡度大于8°的地块不宜使用玉米收获机作业；玉米收获机转弯时的速度不得超过3~4km/h。努力减少中途转向、重割等作业；尽量保持收后地貌便于后续作业。

（11）工作结束立即清理机体，进行必要保养；并做好使用记录。

（三）作业质量标准（表4-6）

表4-6 玉米收获机械作业质量指标

序号	项目	质量指标要求
1	籽粒损失率，%	≤ 2.0
2	果穗损失率a，%	≤ 5.0
3	籽粒破损率，%	≤ 1.0
4	苞叶剥净率，%	≥ 85
5	留茬高度b，mm	≤ 110
6	还田秸秆粉（切）碎长度c合格率，%	≥ 85
7	穗茎兼收茎秆切段长度d合格率，%	≥ 80
8	油污染	果穗、籽粒和穗茎兼收茎秆无油污染

a 不可收获的倒伏植株造成的果穗损失不计
b 穗茎兼收作业留茬高度按设计值考核
c 还田秸秆合格粉（切）碎长度为≤ 100mm
d 穗茎兼收茎秆合格切段长度为机器设计的茎秆理论切段长度

十、青贮玉米收获机械化作业（图4-8）技术规范

图4-8 青贮玉米机械化收获作业

（一）技术要点

青贮玉米收获机一般都由割台部分、切碎部分、排出部分和驾驶室操控部分组成。收获时，割台部分首先将青贮玉米切下并输送到切碎部分，然后由切碎部分将获下的青贮玉米切碎，最后由排出装置输出，这就是青贮玉米的收获过程。

（1）作业前应对作业地块做好准备，观察地块及周边环境，即看是否有障碍物，当遇到电线杆等障碍物时，收获机要缓慢绕行。

（2）要平整地块中所有的高埂，以免发生收获机的割刀和护刃器损坏。

（3）要注意地表的铁丝、铁块及其他硬物，以免损坏机器的粉碎部件。

（二）作业规范

收获作业中要注意观察作业状况，特别注意不违章操作。

（1）收获时，因青贮玉米收获机是一边收获，一边将收获到的玉米由喷料筒喷到运料车辆上，再通过运料车与收获机的协同工作完成收获过程。在这个过程中，青贮玉米收获机应与运料车并排同速行走。为确保喷料筒能将收获的玉米，准确喷进运料车内，在收获过程中，驾驶员要随时观察收获机与运料车的距离，控制调整喷料筒的方向，确保青贮玉米的有效收获。

（2）当随车的运料车载满后，要立即换车。换车时，收获机要先暂停作业，当替代的另一辆运料车到达与收获机相应位置后再继续作业。

(3)青贮收获机械作业中无论行走快慢,都要选择大油门作业,以保证作业质量;作业中不准倒退并根据地表平整情况,随时调整割台高度,保证收获质量。

(4)在收获过程中,如果收获机出现异常现象需要检查时,必须停机检查,绝对不允许在收获机运转时进行检查;当遇到无法观察到的金属杂物时,收获机的金属探测装置发现后,机器会立即停止并发出警报。此时,驾驶员就要下车查找并清除障碍物。如金属探测器仍然发出警报,说明障碍物没有清理干净,需要再次进行清理,直到报警器停止警报,驾驶员才可以起动收获机继续工作,以防止金属杂物进入机器内部而造成损坏。

(5)收获过程中,运料车上不许有人。在收获时,玉米地中不允许有闲杂人员进入,以防止机械对人造成伤害。

(三)作业质量标准

依据 DB11/T 294—2005(表4-7)。

表4-7 青贮玉米收获机械的质量指标

序号	项　目	质量指标要求
1	损失率	≤5%
2	切碎长度合格率	≥95%
3	割茬高度	≤150mm
4	物料抛送距离	≥6m
5	收获后地表状况	无漏割,地头、地边处理合理

备注:合格切碎长度,牛:3~5cm;羊:2~3cm

十一、秸秆与表土处理机械化作业技术规范

(一)技术要点

秸秆覆盖均匀,覆盖率不低于30%。玉米留茬覆盖处理的茬高大于30cm,覆盖严重不均或地表不平时,需要使用秸秆粉碎机、圆盘耙等机具将秸秆覆盖分布均匀或平整地表。

(二)作业规范

(1)准确掌握耙地方法,适时耙地,在土壤水分适宜的条件进行。

(2)机组行走方法:一般情况下采用梭行耙法;在耙地方向不受限制或在不规则地块上作业时采用绕行耙法;要求耙两遍的地块采用交叉耙(对角耙)法。

(3)轻耙整地时,耙地时作业方向要与播种方向呈40°~45°夹角。

(4)耙到头、耙到边,不漏耙,相邻作业幅的重耙量小于15cm。斜耙完毕后绕地边耙一圈,地头耙两遍。

(5)作业中要经常检查耙的技术状态和作业质量,及时清除耙片间及工作机构上的杂草和泥土,避免漏耙。

(6)轻耙作业时须带平地杠,做到耙后碎土和地面平整。

(三)作业质量标准(表4-8)

表4-8 圆盘耙作业质量标准

序号	项 目	轻耙	中耙		重耙	
		已耕地作业	已耕地作业	茬地作业	已耕地作业	茬地作业
1	耙深合格率,%	≥75	≥75	≥80	≥75	≥80
2	耙后地表平整度标准差,cm	≤3.5	≤3.5	≤4.0	≤3.5	≤4.5
3	耙后沟底平整度标准差,cm	—	—	≤4.0	—	≤4.0
4	碎土率,%	≥70.0	≥70.0	≥60.0	≥70.0	≥55.0
5	灭茬率,%			≥70		≥75

注1:轻耙(包括悬挂中耙),主要用于耕后碎土。在已耕地一次作业检测
注2:中耙(不包括悬挂中耙),主要用于耙茬或耕后碎土。按适宜偏角在茬地上一次作业检测
注3:重耙主要用于耙茬、耙荒或耕后碎土。按适宜偏角在茬地上一次作业检测

十二、秸秆粉碎还田机械化作业技术规范

(一)技术要点

玉米摘穗后,用玉米秸秆还田机,将玉米秸秆就地粉碎并均匀抛撒在地面上,直接免耕播种。

(二)作业规范

(1)机组进地后,应调整拖拉机的悬挂杆件,使粉碎机的前后左右保持水平。调整限深轮的高度,保持合理的留茬高度。严防刀片入土,以免负荷过大,损坏部件。

(2)应根据作物的密度和长势、土壤含水率和坚实度,采用不同的作业速度。

(3)挂接动力输出轴时,要低速空负荷;待发动机加速到达额度转速后,机组才能缓慢起步投入负荷作业。严禁带负荷起动粉碎机和机组起动过猛,以免损坏机件。

（4）机组转移地块时，应切断动力。
（5）作业时，严禁带负荷转弯和倒退。
（6）田间如遇较大沟埂时，要及时减速，并提升粉碎机。
（7）作业中听到异常声响，应立即停车检查，排除故障后方可继续作业。
（8）要随时观察传动皮带的张紧度，如发现过松，应及时调整。
（9）清除缠草、排除故障和检查调整都必须在停机并切断动力后进行。
（10）作业时，禁止靠近机组和在机后跟人，以确保人身安全。

（三）作业质量标准（表4-9）

表4-9 秸秆粉碎还田机械化作业指标

序号	项目	指标
1	切碎长度，mm	≤100
2	碎茬长度，mm	≤50
3	切碎长度合格率，%	≥90
4	残茬高度，mm	≤80
5	抛洒不均匀率，%	≤20
6	漏切率，%	≤1.5
7	收获后田间状况	秸秆、根茬粉碎后应做到抛洒均匀，无堆积和条状堆积

十三、冬小麦播种机械化作业（图4-9）技术规范

图4-9 冬小麦机械化播种作业

（一）技术要点

小麦播种机械化技术是指通过机械将小麦种子按照农艺要求播入土壤的技术。包括小麦精少量播种机械化技术、小麦免耕覆盖播种机械化技术等。

（二）作业规范

（1）机械进入播种现场后，认真检查排种系统是否通畅精准，以及其他部位是否安全无患，并按设计调修，加种、加肥。播种深度根据播期、土质、墒情调至3~4cm。播肥深度调至8~10cm。

（2）确定起落线，与首播幅方位。机组的第一行程要严格按照所插标志进行，保证机组直线行驶，以后行程要按照划印器划印行驶。除机组人员外，其余限制靠近机车和进入即时作业现场。因地头碾压次数较多，应单整地、单播种。地头宽度应为播种机工作幅宽的3~4倍。

（3）播种机作业速度选二档以6~8km/h为宜，并匀速前进，中途不宜停车，在不影响播种质量的前提下，可适当提高，一般不超过三档，否则打滑系数增加，造成播种断条，播种质量下降。检修调整宜在地头进行。

（4）首幅起播20m后，实地进行播深、播量、覆土及落粒均匀度检查，发现问题及时示意机组调整。

（5）机手工作中，保持精神集中，眼、耳、手、身感触机器状况的同时注意车外指挥。按起落线，及时、准确地起落播种机。

（6）跟机人员注意种、肥箱中数量变化，排落情况、开沟器是否拥堵与正常行进；轻微问题及时排除。根据种、肥排落速度掌握适宜的地头位置添种、添肥。

（7）播种行进中途不得倒退，必要退车时应将开沟器和划印器升起。正常行进必须参照上幅划印器指示进行。

（8）带有座位或踏板的悬挂式播种机，在作业时可站人或坐人，但运输时严禁站人或坐人。

（9）严禁在划印器周边站人和在机组前后来回走动。

（10）清理黏土、杂草，加肥、加种必须停车进行，采用拖拉机动力传动的播种机必须切断动力。

（11）播种机应进行班次保养，清除杂物，向润滑点注润滑油。

（12）药剂拌种或包衣情况下，跟机加种工作人员应戴手套、风镜和口罩等安全防护用具，工作完毕，及时清洗，剩余种子要妥善处理。

(13)作业结束后,及时清理种箱、肥箱和排管保持清洁顺畅。做好机车检查、保养和使用记录。做好田间质量复查和经验总结。

(三)作业质量标准(表4-10)

表4-10 冬小麦播种机械化作业质量指标

序号	项目		指标
1	播种深度合格率,%		≥80
2	播种均匀性变异系数,%	条播	≤45
3	断条率,%		≤3
4	空穴率,%		≤6
5	穴(粒)数合格率,%	穴播	≥80
6	穴(粒)距合格率,%		≥85
7	播种量误差		±4%
8	种肥间距合格率,%		≥98
9	衔接行距合格率,%		≥90
10	播种后地表质量		无晾种、堆种和漏肥、堆肥现象,地表平坦
11	播种行镇压质量		镇压连续

十四、深松节水机械化作业(图4-10)技术规范

图4-10 土壤机械化深松作业

(一)技术要点

机械化深松技术是不翻土的耕作技术,是在不打乱原有土层结构的情况下,

利用机械松动土壤,打破犁底层,加深耕作层,创造虚实并存土壤构造的耕作技术。

(二)作业规范

(1)深松机组在路上运输时,行进速度不能太快,保持中低速安全行驶。悬挂拉杆要把上拉杆缩短并固定住,而且一定要把油缸止降阀销定,以免液压失灵,深松犁突然落下造成事故。

(2)机组下田作业时,起步、落犁要稳。

(3)地头留机组幅宽。

(4)深松要在土壤水分适宜的条件下进行。

(5)地头转弯前必须在行进中起犁,当犁体全部出土后方可转弯,并且不能高速急转弯,未起犁时禁止倒退。

(6)作业方法视地块大小,可采用梭形走法或单区套行法。顺垄作业,留地头线。

(三)作业质量标准(表4-12)

表4-11 深松机械作业质量指标

序号	项目	质量指标要求
1	入土行程	≤1m
2	深松深度	≥30cm
3	深松深度变异系数	≤10%
4	土壤容重变化率	深松后松土层土壤的容重的减少量与深松前土壤的容重之比不少于5%
5	土壤坚实度变化率	深松后松土层土壤的坚实度的减少量与深松前土壤的坚实度之比不小于5%
6	行距一致性	对接行之间的行距变异系数≤15%

第五章 农机专业合作社技术管理

农业机械技术管理就是通过对机械设备性能、状态的监控,并对存在问题的农业机械采取及时维护保养、正确使用、定期检测、视情修理等技术措施,使农业机械保持良好的技术状态,实现优质、高效、低耗,保障安全生产和人们的生命财产安全技术维护保养的主要措施包括:机器试运转、技术维护和妥善保管等。

设施设备是农机专业合作社发展和壮大所必不可少的硬件条件,设施设备的规范化建设和管理是合作社顺利开展工作的保证。它的内容包括:合作社的布局和发展规划,机库、机场、机棚等合理配备和农机具等设备的技术管理。

第一节 农业机械试运转

一、试运转的目的

试运转也叫磨合。凡是新的或大修后的拖拉机等农业机械,都应进行试运转,以保证配合件的开始间隙、零件表面合适的粗糙度和显微硬度,为今后的长期工作创造有利的条件。

试运转的主要目的如下。

(1)拖拉机在未投入生产作业前,在良好的润滑、冷却条件下,通过缓慢地增加负荷,使配合件摩擦表面在磨损量最小的条件下研磨平滑,使宏观缺陷得到修正,增大接触面积,从而给拖拉机的正常使用和延长寿命打下良好的基础。

(2)能及时发现装配质量存在的一些缺陷,可以及时排除各种故障。

（3）重要紧固件和调整部位，因试运转过程中产生振动和磨损而松动或失调，经试运转后应重新紧固和调整。

二、试运转规程

影响试运转质量的主要因素是：负荷、速度、时间和油的质量由上述因素的有机配合制定的试运转要求，称为试运转规程。合理的试运转规程，能以较短的磨合时间和较小的能量消耗，使运动副获得较高的磨合质量。

实践证明磨合质量对拖拉机等农业机械的动力性、经济性和使用寿命都有极其重要的影响，各生产厂家对同类农业机械试运转的规定彼此相差较大，应按其使用说明书进行现以东方红-802/1002和铁牛-654型拖拉机磨合规程为例作简要介绍。

（一）柴油机空转磨合

柴油机空转磨合共15min、开始5min用怠速运转，再提高转速至中油门运转5min，最后再把油门扳到最大位置运转5min。

空磨合过程中，要随时注意倾听和观察柴油机情况注意水温、油温、油压，查看有无漏油、漏水、漏气现象，特别注意有无异响发现故障必须找出原因加以排除。只有柴油机工作完全正常时才能进行下列磨合。

（二）液压悬挂装置的磨合

液压悬挂装置的磨合应在柴油机标定转速下进行。液压油箱的油应加满，将农具连接在悬挂装置上。扳动分配器手柄重复升降20次，悬挂装置应升降平稳，提升终了时分配器手柄应能自动同到"中立"位置。

磨合过程中，要注意检查油管接头处有无漏油现象，根据液压油箱油液有无泡沫来判断油泵有无吸空现象。发现漏油或其他故障要及时排除。

（三）拖拉机空驶磨合

东方红-802/1002型拖拉机空驶磨合从Ⅰ挡到Ⅴ挡依次进行空驶60min，Ⅵ挡、倒Ⅰ挡、倒Ⅱ挡各空驶30min。

拖拉机空驶磨合时，每挡各向左和向右至少进行10次平缓转弯，Ⅰ挡、Ⅱ挡空驶磨合时可增加向左、右3次单边制动急转弯。

铁牛-654型拖拉机空驶磨合从慢4、慢5、快1、快2各磨合60min、慢倒各磨合30min。

空驶磨合过程中，要注意拖拉机各部分的运转情况和各仪表的指示情况，注意离合器接合分离情况、转向离合器和制动器情况,发现异常要及时查明原因予以排除。

(四)拖拉机负荷磨合

东方红-1002型拖拉机负荷磨合规范如表5-1所示,铁牛-654拖拉机负荷磨合规范如表5-2所示。

表5-1 东方红-1002型拖拉机磨合负荷规范

磨合阶段	挂钩符合(KN)	各挡磨合时间(h)					
		I	II	III	IV	V	VI
1	10	3	3	2	2	2	1
2	20	5	5	5	3	2	—
3	25	8	8	8	5	—	—

表5-2 铁牛-654型拖拉机磨合负荷规范

磨合阶段	挂钩符合(KN)	各挡磨合时间(h)				
		慢4	慢5	快1	快2	快3
1	4.44	4	4	3	2	2
2	5.58	6	5	4	3	—
3	8.83	8	7	6	—	—

三、试运转工作的组织和注意事项

拖拉机试运转是一项复杂而细致的技术性工作,是熟悉和运用拖拉机的准备阶段,也是保持技术状态良好的基础环节,机务管理部门应十分重视并认真组织好这项工作。

(一)试运转前准备工作

(1)组织试运转人员学习机务规章、使用说明书和试运转规程;了解拖拉机的构造、使用性能和操作维护方法,确定负荷试运转的实施方案。

(2)准备好试运转所需的物料,如油料、维护工具和测试仪表等(转速表、压力表、拉力计、比重计等)。

(3)检查拖拉机的技术状态,按规定进行技术维护,包括清洁、添加、紧固、调整、润滑等各项工作。

（二）试运转中应注意的事项

（1）按试运转规程，依次进行发动机空转、拖拉机空行和负荷试运转。

（2）试运转过程中水温应达到45℃以上起步，60℃以上加负荷作业，75~95℃温度范围内进行正常负荷作业。

（3）应经常倾听各部位声音、用手触摸主要轴承部位温升、观察仪表读数和检查连接部件的情况，一旦发现异常现象，应查明原因予以排除。

（4）拖拉机行驶平稳，转弯要和缓。轮式拖拉机在低速时可作单边制动小转弯。

（5）空运转结束后，对液压悬挂系统进行无负荷试运转。其后进行负荷试运转。

（三）试运转后的结束工作

（1）按说明书规定，更换各部润滑油并清洗各有关部位。

（2）放出冷却水，用清洁的软水清洗冷却系统。

（3）检查调整各操纵部门的自由行程、气门间隙、喷油器喷射压力、轴承间隙和链轨张紧度等。

（4）按润滑表润滑各部位。

（5）检查和紧固主轴承、连杆轴承的螺母以及外部的螺栓、螺母，按规定顺序、扭紧力矩分2~3次上紧缸盖螺母。

（6）将试运转的详细情况，记入技术档案。

第二节　农业机械技术维护

一、技术维护的概念

所谓技术维护就是定期地对农业机械的各部件进行系统地清洁、补给、检查、调整、紧固、润滑和更换部分易损件的维护工作。

为了提高农业机械管理水平，防止机具故障，减轻机具耗损，延长其使用寿命，提高作业效率和作业质量，保障农机安全作业和人民生命财产的安全，必须使农业机械保持良好的技术状态。

为此，机务管理应贯彻"防重于治，养重于修"的方针，坚持正确地使用、规范的维护和良好的保管条件。

二、农机技术状态完好的标准

农机技术状态良好是保证实现优质、高效、低耗的重要条件之一，它主要体现在构造质量指标和工作性能指标两方面。虽然各种型号拖拉机及联合收割机的技术性能指标各异，但对总体技术状态的综合性能要求是一样的，其标准如下。

（一）技术性能指标良好

农机具各部分、系统、装置的综合性能指标如功率、转速、油耗、温度、声音、烟色和严密性等符合使用的技术要求。

（二）各调整部位配合间隙正常

农机具各调整部位的配合间隙若不符标准，应调整到符合使用的技术要求。

（三）润滑周到适当

所用润滑油料应符合规定，黏度适宜，各种润滑油应加至油室中规定的油面。油不变质、不稀释、不脏污。加黄油时须擦净油嘴，将旧的润滑脂全部挤出，到挤出新的润滑脂为止。

（四）各连接件要紧固或牢靠

机具各连接部位的固定螺栓、螺母、插销等应紧固牢靠，扭紧力矩应适当。

（五）拖拉机和农具应具有良好的技术状态

拖拉机应保证"三不漏、四净、一完好"，农具保证"五不、三灵活、一完好"的技术状态的标准。

拖拉机"三不漏"是指：①不漏水，发动机内、外不漏水；②不漏气，进气管路和汽缸垫不漏气；③不漏油，供油系各部位、各油管接头、行走部门、液压系统各部位不漏油；"四净"是指：①油净，柴油箱加油口滤网完整、清洁，粗细滤清器不损坏，不缺件，滤芯安装正确，柴油不走捷径；机油加油口清洁，细滤器转子旋转正常起作用，粗滤器内外滤芯完好、毡垫齐全、不损坏、不堵塞，限压阀、安全阀、主油道压力正常；②水净，用软水、净水，水箱中无油污、无杂质；③空气净，空气滤清器滤网、油盆及管道清洁、油面标准；④机净，整机清洁无垢；"一完好"是指：技术状态完好，即功率充足，润滑良好，凋整正确、紧固可靠、运转正常，着火平稳，变速箱、后桥、边减速器无杂音，主离合器不打滑，分离彻底，启动性能良好，电器系统工作可靠，仪表齐全，指导正确，整机不缺件，无损坏，轮式拖拉机转向、制动部门灵活、工作可靠。

农具"五不"是指：不缺件、不变形、不锈蚀、不旷动、不钝；"三灵活"

是指：操纵灵活，起落灵活，转动灵活；"一完好"是指：整机技术状态完好。

（六）随车工具应齐全

拖拉机、联合收割机等必需的随车工具、用具和维护布棉纱等应配备齐全。

三、技术维护内容

技术维护分班维护和定期维护两种。班维护是在每班工作开始前或结束后进行。定期技术维护是指在拖拉机工作规定的累计时间后进行维护工作。所以定期维护也称号维护。我国对大中型拖拉机多采用五级四号维护制或四级三号维护制，即班维护、一号维护、二号维护、三号维护和四号维护。相邻两次同号技术维护的时间间隔或间距称为维护周期。维护周期常用机器累计工作时间或燃油消耗量两种方法来计算。

四、农机维护保养制度

（一）拖拉机维护保养制度

（1）对农业机械的维护保养，必须贯彻"防重于治，养重于修"的方针，减少磨损，延长使用寿命，确保机具经常处于完好的技术状态，实现农机作业优质、高效、低耗、安全。

（2）拖拉机根据不同的机型实行"五级四号或四级三号"维护制。各号维护周期按各机型使用说明书的规定进行，原则上不许提前或拖后。

（3）拖拉机维护中的检查、调整、润滑、清洗、紧固、更换易损件的技术规范，按各机型的《使用说明书》执行。

（4）进行技术维护的地点要清洁，一级以上维护要在室内进行，并且要有技术员参加。

（5）对购进的新机或修后的拖拉机要按规定进行试运转。

（6）要认真记录工作日记和填写拖拉机技术档案。

（7）农机部门要定期进行检查。建立对农业机械维护保养的奖惩制度。

（二）农具常年维修制度

对农具要进行正常的维护，使其保持完好的技术状态，达到各项作业规定的技术要求。

（1）对农具要按本机的使用说明书进行维护调整，并做到随坏随修，妥善保管。

（2）各种农具作业前必须进行检查、调整、维修，经技术人员验收合格后方可投入作业。

（3）农具在作业期间，必须做到随坏随修，恢复其标准后方可继续作业，否则不准作业。

（4）每个阶段作业结束后，必须对农具进行彻底的检修，达到其技术状态完好。

（5）凡入场、库、棚的农具，必须达到技术状态完好，并涂油垫起，否则不准入内。

第三节　农业机械故障分析

拖拉机及农业机具在使用过程中，其技术性能逐渐变坏，失去正常工作能力，出现工作不正常，甚至不能工作的现象，称为农业机械故障。例如，发动机功率下降，排气管冒浓烟，启动困难，个别气缸不工作，离合器打滑或分离不彻底，变速器挂挡困难，跳挡和乱挡，制动器制动不灵或制动跑偏，播种质量下降等。

一、农业机械故障的表现形态

农业机械发生故障时，常出现以下 8 种现象。

（1）声音异常。声音异常是农业机械故障的主要表现形态。其表现为在正常工作过程中发出超过规定的响声，如敲缸、超速运转的呼啸声、零件碰击声、换挡打齿声等。

（2）性能异常。农业机械工作性能异常是较常见的故障现象。表现为不能完成正常作业或作业质量不符合要求。如启动困难、动力不足、插秧漏行、收割破损率高等。

（3）温度异常（过热）。过热通常表现在发动机、变速器、驱动桥和制动器等运转机件上，严重时会造成恶性事故，不能掉以轻心。

（4）消耗异常。消耗异常也是农业机械的一种常见故障，主要表现为燃油、机油、冷却水的异常消耗、油底壳油面反常升高等。

（5）排烟异常。如发动机燃烧不正常，就会出现排气冒白烟、黑烟、蓝烟现象。排气烟色不正常是诊断发动机故障的重要依据。

（6）渗漏。是指农业机械的燃油、机油、冷却水、制动液、液压油等的泄漏，易导致过热、烧损、转向或制动失灵等。

（7）异味。农业机械使用过程中，出现异常气味，如橡胶或绝缘材料的烧焦味、油气味等。

（8）外观异常。农业机械停放在平坦场地上时表现出纵向或横向的歪斜，称之为外观异常，易导致方向不稳、行驶跑偏、重心偏移等。

二、农业机械故障形成的原因

农业机械产生故障的原因多种多样，主要有以下4种。

（一）设计、制造缺陷

由于农业机械结构复杂，使用条件恶劣，各总成、组合件、零部件的工作情况差异很大，部分生产厂家的产品设计和制造工艺存在薄弱环节，在使用中容易出现故障。

（二）配件质量问题

随着农业机械化事业的不断发展，农机配件生产厂家也越来越多。由于各个生产厂家的设备条件、技术水平、经营管理各不相同，配件质量也就参差不齐。在分析、检查故障原因时应考虑这方面的因素。

（三）使用不当

使用不当所导致的故障占有相当的比重。如未按规定使用清洁燃油、高速重载、使用中不注意保持正常温度等，均能导致农业机械的早期损坏和故障。

（四）维护保养不当

农业机械经过一段时间的使用，各零部件都会出现一定程度的磨损、变形和松动。如果我们能按照机器使用说明书的要求，及时对机器进行维护保养，就能最大限度地减少故障，延长机器使用寿命。

三、分析故障的原则

故障分析的原则是：搞清现象，掌握症状；结合构造，联系原理；由表及里，由简到繁；按系分段，检查分析。

故障的征象是故障分析的依据 一种故障可能表现出多种征象，而一种征象有可能是几种故障的反映同一种故障由于其恶化程度不同，其征象表现也不尽相同。因此，在分析故障时．必须准确掌握故障征象全面了解故障发生前的使件、修理。技术维护情况和发生故障全过程的表现，再结合构造、工作原理，分析故障产生的原因。然后按照先易后难、先简后繁、由表及里、按系分段的方法依次排查，逐渐缩小范围，找出故障部位。在分析排查故障的过程中，要避免盲目拆卸，否则不仅不利于故障的排除，反而会破坏不应拆卸部位的原有配合关系，加速磨损，产生新的故障。

四、检查判断农业机械故障的常用方法

故障发生后，依据故障征象，通过听、看、嗅、触摸及测量等手段并通过下述方法，找出故障发生的部位及原因。

（一）部分停止工作法

断续地停止某部分零部件工作，观察征象的变化情况，从而判断出故障发生的部位。例如，多缸发动机工作时出现排气管断续冒烟时，可采用断缸法轮流停止各缸的供油，当某缸停止供油而（停止工作后）冒烟现象消失，则可断定故障发生在此缸。

（二）交叉对比法

当对某零部件产生怀疑时，可用技术状态正常的相同零部件替换，比较换件前后故障征象的变化，来判断故障发生的部位。例如，初步诊断某缸喷油器有故障，发动机工作出现"缺腿"征象，更换技术状态良好的喷油器后，故障征象随之消失，可以断定此缸原喷油器有故障。

（三）试探法

这种排除故障方法，一般用在同是一种征象，可能是两种以上故障的反映之时。例如，发动机启动困难，初步诊断为气缸压缩力不足（活塞环与气缸磨损间隙增大）造成，经向气缸内注入少量清洁机油后，征象消失，则表明怀疑属实。再如，怀疑敲缸声是供油提前角过大造成的，经试调供油提前角后，征象消失，则说明怀疑属实。采用此方法时，一定要先对引起这种征象的故障因素进行认真的分析。再由表及里、按系分段、依次查找，在逐渐减小范围的基础上，决定试探内容，注意尽量少拆卸，并应考虑到拆后恢复原状态的可能性。

（四）不拆卸检查法

在不拆卸或少拆卸的情况下，利用不拆卸检查仪器设备检查相关部位的技术状态，例如，用转速表测定发动机转速，用气缸压力表测定气缸压缩压力等。

第四节 农业机械修理

农业机械修理是指对发生故障或磨损到一定程度及损坏的农业机械进行恢复其完好技术状态（或工作能力）和使用寿命的维护性作业.

一、农机具拆装应遵循的原则

农业机械的拆装是维修工作的重要环节。拆卸不当，将造成零件不应有的缺陷，甚至损坏；装配不当，将会使零件与零件之间不能保持正确的相对位置及配合关系，达不到维修的目的。现代农机设备的维修往往是换件维修，即在正确的拆卸安装过程完成后，也完成了机具的维修，所以，机具拆装原则是维修人员在工作中必须遵守的法则。

（一）熟知机器的构造及工作原理

若不了解机具的结构和特点，拆卸时不按规定任意拆卸、敲击或敲打，均会造成零件的变形或损坏。因此必须了解机器的构造和工作原理，这是确保正确拆卸的前提。

（二）掌握合适的拆卸程度

零部件经过拆卸，容易引起配合关系的变化，甚至产生变形和损坏，特别是过盈配合件更是如此。不必要的拆卸不仅会降低机器的使用寿命，而且会增加修理成本，延长修理工期。因此，应防止盲目的大拆大卸。通过不拆卸检查就可以判定零件的技术状况时，则尽量不予拆卸，以免损坏零件。

（三）选择合理的拆卸顺序

应遵照由表及里按顺序逐级拆卸的原则。拆卸前应清除机器外部积存的尘土、油垢和其他杂物，避免污染或零件落入机体内部。一般先拆外围及附件部件，然后按机器—总成—部件—组合件—零件的顺序进行拆卸。

（四）选用合适的拆卸工具

为提高拆卸工效，减少零部件的损伤和变形，应使用相应的专用工具和设备，严禁任意敲击和敲打。如在拆卸过盈配合件时，尽量使用压力机和拉出器；拆卸螺栓连接件时，要选用适当的工具，依螺栓紧固的力矩大小优先选用套筒扳手、梅花扳手和固定扳手，尽量避免使用活扳手和手钳，防止损坏螺母和螺栓的六角边棱，给下次的拆卸带来不必要的麻烦。另外，应充分利用机器大修配备的拆卸专用工具。

（五）校对标记或做标记

为了保证一些组合件的装配关系，在拆卸时应对原有的记号加以校对和辨认，没有记号或标记不清的应重新检查做好标记。有的组合件是分组选配的配合副，或是在装合后加工的不可互换的合件，必须做好装配标记，否则将会破坏它们的装配关系甚至动平衡。

（六）按分类、顺序摆放零件

为了便于清洗、检查和装配，零件应按不同的要求分类顺序摆放，否则，零件胡乱堆放在一起，不仅容易相互撞伤，而且会在装配时造成错装或找不到零件的麻烦。为此，应按零件的所属装配关系分类存放，同一总成、部件的零件应集中在一起放置，不可互换的零件应成对放置，易变形、丢失的零件应专门放置。

二、拆卸和装配作业注意事项

（1）当需要升起或顶起机器时，应在适当位置及时地安放垫块、楔块。

（2）对于蓄电池为电源的电气系统进行拆装作业之前，要先拆下蓄电池负极接线，再拆卸其他电器件、线缆等。

（3）每次拆卸零件时，应观察零件的装配状况，看是否有变形、损坏、磨损或划痕等现象，为零件鉴定和修理做准备。

（4）对于结构复杂、有较高配合要求的组件和总成，如主轴承盖、连杆轴承盖、气门、柴油机的高压油泵柱塞等，必须做好记号。组装时，按记号装回原位，不能互换。

（5）零件装配时，必须符合技术要求，包括规定的间隙、紧固力矩等。

（6）组装时，必须做好清洁工作，尤其是重要的配合表面、油道等，要用压缩空气吹净。

（7）为了提高工作效率和保证精度质量，要尽可能使用专用维修工具。

（8）注意环境保护和人身财产安全，不在拆装现场吸烟，不随意倾倒污染物。

三、农业机械零件的鉴定

（一）零件损坏的主要形式

（1）零件的尺寸因磨损发生变化，如零件的直径、长度和高度的改变。

（2）零件的几何形状发生变化，如零件的圆度、圆柱度、弯曲度、扭曲度、平面度等发生了变化。

（3）零件表面的相互位置发生变化，如零件表面间的同轴度、垂直度、平行度发生了变化。

（4）零件之间的配合状态发生变化，如零件之间的配合间隙、紧度的改变，偏磨、啮合状况恶化等。

（5）零件表面状态改变，如表面粗糙度变粗，产生裂纹，镀层、漆层剥落，表面腐蚀，表面刮伤和留下刮痕等。

（6）零件表层材料与基体金属的结合强度发生改变，表现在零件的电镀层、喷镀层、堆焊层与基件金属的结合状态发生了改变。

（7）零件材质发生变化，如零件本身的硬度、韧性、弹簧弹力、导电性能的变化和橡胶老化等。

（8）零件破碎、折断或烧损等损坏。

（二）零件损坏的主要鉴定方法

1. 感官鉴定法

不用量具和仪器，而用眼、耳、手等感觉器官对零件的技术状态做出判断，此法要求鉴定人员有一定的经验积累。如用目测鉴定零件有无裂纹、折断、弯曲、扭曲、腐蚀、疲劳蚀损等；用小锤轻轻敲击，凭声音的变化，判定零件连接是否紧密，零件是否有裂缝等；用手晃动配合件，初步鉴定其配合间隙的大小等。感官鉴定只是初步鉴定，对一些重要零件，在感官鉴定后，还应用仪器、量具进一步验证。

2. 量具测定鉴定法

采用各种量具检查零件的配合尺寸、间隙、表面形状和位置偏差等，这是一种比较精确、规范的鉴定方法。常用的量具有直尺、直角尺、钢卷尺、卡钳、厚薄规、游标卡尺、百分尺、百分表等。

3. 样板鉴定法

按图纸要求制作出精度较高的标准样板。鉴定时只需将被鉴定的零件与样板比较即可。这种方法简单、实用、高效。

4. 专用设备、仪器鉴定法

针对一些重要零部件的表面或浅层的微裂纹、孔洞等缺陷必须用专用的设备、仪器进行检查鉴定。如发动机曲轴、连杆等大修时必须用磁力探伤仪进行磁力探伤检查；用水压试验器检查密封容器的密封性能；用弹簧试验仪检查弹簧的弹力；用动平衡试验台检查高速转动零部件的动平衡状态；用高压油泵试验台校验高压油泵的技术状态等。

（三）零件鉴定后的结果处理

机器零件鉴定后的处理结果分成可继续使用、需要修理和报废三类，正确划分既可保证修理质量，又可降低修理成本，意义重大。

1. 对可以继续使用的零件

可从两个方面考虑：一是不超过许可磨损值（主要零部件都有相应参照标准）；二是没有其他不允许的缺陷。对于那些已超过许可磨损而又没有达到磨损极限的零件，确定其是否可继续使用的依据，主要是考虑它是否能再使用一个周期，否则还是应当送修。

2. 确定需要修理的零件

主要考虑的是零件的磨损已达到磨损极限（主要零部件都规定有相应磨损极限值可参照）；有时零部件并没有达到磨损极限，但存在有其他不允许缺陷也应当送修。假如没有适宜的修复方法，或修复成本太高，就不应当确定为需送修零件而应报废更换新品。

3. 列入报废范畴的零部件

如果零件的磨损或损坏已达到了不可修复的程度，或者虽然该零件还可以修复，但因修复工艺过于复杂，修复成本高，且该配件供应又充足，这类零件宜作报废处理。

四、农业机械修理简易小技巧

（一）轮胎漏气的紧急防治

取两汤匙滑石粉或堵漏胶10ml，拔下轮胎气门芯放气，用硬纸壳做一小漏斗插在气门上，将滑石粉灌入或将堵漏胶挤入内胎里。然后装好气门芯充足气，滑石粉或堵漏胶呈弥漫状附在内胎壁上，阻挡微小气孔漏气。

（二）高压油管头漏油的急救

高压油管两端的凸球状接头，与喷油器、出油阀凹球面起定位、密封、连接作用。一旦接触面磨损漏油，可用废旧气缸垫的铜皮剪一圆形，中间冲一小孔，垫在凸球头与下凹球面之间。

（三）铁质空气滤芯污物的清除

铁质空气滤芯用柴油很难洗净时，蘸点柴油，点火燃烧，熄火冷却后，用木棍敲击滤芯，使烟尘脱落，再用清洁柴油即可彻底清除滤芯内外的污物。

（四）巧拆减速齿轮外弹力挡圈

农业机具中诸如变速箱内齿轮、轴承等零件的弹力挡圈，在没有专用工具时，取一根细铁丝，一端系在挡圈的小孔上，另一端用起子绕好，紧紧拉住，然后正反转动齿轮轴，即可将挡圈轻易拆下。

（五）活塞环弹力的简易检测

维护内燃机需检测活塞环弹力时，取一同型号的新环，与需检测的旧环按圆周垂直叠放在一起，并使两环开口处同一水平位置。用手按压两环，比较两环开口闭合情况，可判别旧环弹力。

（六）不停机清除水箱水垢

每班工作前，先往水箱内加少许食用醋，工作结束后放尽冷却水，加入清洁干净的冷却水和少许食碱，下一班工作结束后放尽，再加入清水空转数分钟，便可清除水垢，若水垢严重，可重复上述过程，至冷却水清澈为止。

（七）滚动轴承的拆装

在没有专用工具拆卸轴承的情况下，可用锤子通过紫铜棒（或软铁）敲打轴承的内外圈，取下轴承。轴承往轴上安装或拆下时，应加力于轴承的内圈，轴承往轴承座上安装或拆下时，应加力于轴承的外圈。

第五节　农业机械保管

一、农业机械保管的原则

（1）清洁原则，清洁机具表面的灰尘、草屑和泥土等黏附物、油污等沉积物、茎秆等缠绕物，清除锈蚀，涂防锈漆等。

（2）松弛原则机器传动带、链条、轮胎、液压油缸等受力部件要全部放松。

（3）润滑密封原则。各转动、运动、移动的部位都应加油润滑，能密封的部件尽量涂油或包扎密封保存。

（4）安全原则。做好防冻、防火、防水、防盗、防丢失、防锈蚀、防风吹雨打日晒等措施。

二、农业机械保管制度

（1）农机具入机务区保管，必须统一停放，排列整齐，便于出入，不影响其他机具运行。

（2）农机具入库前，必须清理干净，无泥、无杂物等。

（3）每个作业季节结束后，应对农业机械进行维护、检修，冬季对动力机械无取暖设施的，应放掉冷却水。

（4）外出作业的农业机械，由车组自行保管。

（5）农业机械暂时不用或长期不用的，清理干净后，涂油垫起，保持状态完好，进行妥善保管。

三、农机具临时停放

（1）未完成一个作业季节的农机具，应停放在临时停放场。

（2）悬挂式的农具应卸荷落地停放。

（3）农机具临时停放应符合安全技术要求。

四、拖拉机入库长期停放

（1）入库的拖拉机应清理干净，状态完好。

（2）拖拉机车头应朝门停放。

（3）轮式拖拉机应支垫起，使轮胎减压 1/3。

（4）将电瓶卸下，按规定保管。

（5）拖拉机（含库外停放的拖拉机）应将柴油箱口、汽油箱口、机油检视口、磁电机、汽化器、空气滤清器、排气口等部位用布或塑料布封包。

（6）应向发动机汽缸内喷入适量清洁机油，转动曲轴数圈，使机油均匀涂在缸壁上。

（7）停车后，应关好门窗，切断库内电源。

（8）冬季无取暖设施的，拖拉机应放出冷却水停放。

（9）库内严禁用明火烤车或照明，严禁存放油料等易燃品。

五、联合收获机入库长期停放

（1）入库的收获机（含库外停放的收获机）各部位应无泥土、油污、杂物等。

（2）各输送器、筛面、粮仓无杂物、余粮。

（3）各部皮带放松或卸下，按标准悬挂封存，各部弹簧放松，链条卸下浸油或涂油封包。

（4）支垫起轮胎，使其减压 1/3。

（5）护刃器、刀片、刀杆涂油，刀杆要垂直存放。

（6）半链轨和抛撒器要卸下，清理、涂油支垫存放。

（7）各接触摩擦部位、滑板、滑道、搅龙壳体、三角皮带轮槽等需涂油保管，对轴承加注润滑油。

（8）电瓶卸下，按规定保管。

六、农业机械入场、棚长期停放

（1）未入库的农业机械应入场、棚停放。

（2）农业机械停放场要保持清洁，冬季无积雪，夏季无杂草和积水。

（3）入场、棚机具应彻底进行检修，达到机具状态完好。

（4）入场、棚机具要清洁、无泥土，定点定位分类停放，排列整齐。

（5）联合收获机开放部位应封包。

（6）机车驾驶室应整洁，玻璃明亮。

（7）联合收获机发动机保管要求除与拖拉机发动机相同外，发动机应整体封包。

（8）联合收获机割台、拾禾台与主机分离，单独保管，摆放在停放台上或支垫离地平放。

（9）割晒机参照收获机有关要求保管。

（10）机具轮胎要卸下入库保管或支垫、封包，并减压 1/3。

（11）电瓶卸下，按规定保管，定期充电。

（12）农业机械入土工作部件和相关工作部件清理干净后要涂油防锈。

（13）橡胶、塑料制品要卸下入库保管，不易拆卸的要放松、封包。链条卸下清洗、浸油或涂后封包。

（14）农业机械各部弹簧要卸压。

（15）液压油缸活塞杆卸荷、封包，液压油管接头要密封。

（16）种机排种、排肥、开沟器等部件应入库保管，输种管按规定保管。

（17）种肥箱彻底清理，不得有余肥等杂物，并涂油防锈。

（18）搅浆平地机、水田犁、水耙轮、水稻深施肥机开沟器清洁、涂油防锈，状态完好。

（19）座机入库或入棚停放，入棚的整机要封包，雨天禁止机具出入长期停放场。

（20）入场、棚的农业机械要离地垫起。

七、农机零配件的库房管理

（一）农机零配件出入库

零件的入库和出库是仓库管理的基本环节，建立健全出入库制度和管理模式是合作社节约生产的保证。

1．保管

仓库管理要科学化，物品存放规范化，即：特殊物品特别存放，按类别性质，划定存放区域，分类保管。材料及零件保管要做到物清，账清，质量清，用途清。存放物品状态达到"四保"：即保质量，保数量，保生产，保安全。

2．收发料流程

收：供应商—进料数量（质量）验收—进料品质验收—是否合格（不合格退给供应商）—入库入账—表单的保存与分发。

发：生产命令或领／补料单—发放物料—物料交接—账目记录（表单的保存与分发）。

3．收发料要求

（1）仔细核对有关单证和凭证，按单据准确收发。

（2）危险物品的发放，要根据其性能要求检查容器及运输方式，不合要求的拒绝收发。

（3）所有物料的收发，仓管员都要填清实际数量和价格。

4．一般物料发放的管理方法

（1）余额记账法：月末结账一次。各种单据按月分类装订归档。

（2）定期盘点制：保证账、物、卡三者相符。

（3）检验复查制：对自然缺损、残次、报废的物料，仓管员提出项目，经报批，检验确实后转有关部门处理。

5．危险物品的管理

（1）检收危险物品时，首先应检查密封包装情况，并核对数量，如发现问题

及时上报。

(2)货入库后,记录收发数量和出入库的人员情况,由被登记人签名。

(3)危险品必须存放专用仓库,并要有醒目的危险标记。收发料后,应立即用封条或铅封将其封闭。

(4)通常实行双人双锁保管,收发料必须两人以上同时进行。

(二)农业机具零部件伪劣产品的简易识别

农机具质量参差不齐,假冒伪劣产品时有出现,但在购买农业机具及其配件时,只要用心观察即可识别属于质量不高的产品、伪劣产品或是旧件翻新。现将产品质量的识别要领介绍如下:

1. 查看零件规格型号是否合适

大多数农机零配件都有规定的型号和技术参数,如电器设备的电流、电压、功率;传动皮带的型号和周长;轴承、油封的类别;螺栓(母)的螺纹、螺距及旋向等,需保证其符合要求,以免错买错装造成不应有的损失。

2. 观察商标标识是否齐全

正宗产品的外包装质量好,包装盒上字迹清晰,套印色彩鲜明,包装箱、盒上,应标有产品名称、规格型号、数量、注册商标、厂名厂址及电话号码等,某些厂家还在配件上打印了厂标等标记,大型或重要零部件还配有使用说明书,以指导用户正确使用维护。选购时应认清,以防买到假冒伪劣产品。

3. 检查零件是否变形

对薄壁、细长杆状零件因为制造、运输、存放不当,容易产生变形,购买时应注意检查几何尺寸及形状是否合格。

4. 检验结合部位是否完好

零配件在搬运、存放过程中,由于震动、磕碰,常会出现毛刺、压痕、破损或裂纹,影响零件的使用,选购时应注意检查。

5. 观看零件表面有无锈蚀

合格的零配件表面,既有一定的精度又有较好的表面粗糙度,越是重要的零配件,表面精度越高;包装、防锈、防腐也越严格选购时若发现零件有锈蚀斑点、霉变斑点;橡胶件有龟裂、失去弹性;轴颈、轴套表面有明显的刻痕,应该予以调换。

6. 观察零件表面防护层是否完好

大多数零件在出厂时都涂有防护层,如活塞销、轴瓦的石蜡保护层;活塞、活塞环、缸套表面涂防锈油并用包装纸包裹等。选购时若发现防护层破损、包装纸丢失，防锈油或石蜡流失，应予退换。

7. 检查连接件的是否松动

由两个或两个以商零件通过压装、胶接或焊接而成的部件，零件间不允许有松动现象，如油泵柱塞与调节臂通过压装组合，离合器从动壳与钢片采用铆接，摩擦片与钢片采用铆接或胶接连接等，选购时若发现有松动，应予以调换。

8. 检查转动部件是否灵活

选购机油泵、液压泵总成时，用手转动泵轴，应感到灵活无卡滞；选购喷油泵总成，在拨动调节臂时，柱塞应能在柱塞套中灵活转动，推压滚轮时，柱塞应能在弹簧作用下自动回位等。

9. 检查总成部件有无缺件

在选购喷油器总成时，应检查回油接头密封铜垫、挺杆内小钢球等小零件有无漏装；选购喷油泵总成时，应查看柱塞套定位螺钉密封垫、滚轮体定位销等小零件有无缺失等。

10. 检查装配记号是否清晰

为确保配合件的装配关系，满足特殊的技术要求，在零件表面刻有装配记号。若装配无记号或记号模糊无法辨认，将给装配带来很大困难，甚至导致重大事故。

11. 观看配合表面有无磨损

若零件配合表面有磨损痕迹，或涂漆配件拨开表层油漆后发现旧漆，则多为经过处理的废旧件，应要求退换。

12. 检查零件表面硬度是否达标

各配合件表面硬度都有规定的要求，在确定购买并与商家商妥后，可用钢锯条的断茬或划针试划，若划时打滑或无痕迹的表示硬度较高。

第六章 农机专业合作社财务管理

农机专业合作社应当按照国务院财政部门制定的《农民专业合作社财务会计制度（试行）》（财会〔2007〕15号）（以下简称财务会计制度）进行财务管理和会计核算，该制度已于2008年1月1日起实施。

第一节 财务管理概述及财务活动的管理

一、合作社会计核算

（一）会计核算对象

农机专业合作社的会计核算对象主要是资产、负债、所有者权益、收入和支出、费用和盈余等。

（二）会计核算要求

农机专业合作社应按照财务会计制度的要求，设置和使用会计科目，配备必要的会计人员，采用权责发生制，编制和审核会计凭证，登记会计账簿，编制会计报表。

（三）会计科目设置

农机专业合作社设置的会计科目共有五大类：资产类、负债类、所有者权益类、成本类和损益类。

资产类会计科目包括：库存现金、银行存款、应收款、成员往来、产品物资、委托加工物资、委托代销商品、受托代购商品、受托代销商品、对外投资、牲畜（禽）资产、林木资产、固定资产、累计折旧、在建工程、固定资产清理、无形资产。

负债类会计科目包括：短期借款、应付款、应付工资、应付盈余返还、应付剩余盈余、长期借款、专项应付款。

所有者权益类会计科目包括：股金、专项基金、资本公积、盈余公积、本年盈余、盈余分配。

成本类会计科目包括：生产成本。

损益类会计科目包括：经营收入、其他收入、投资收益、经营支出、管理费用、其他支出。

合作社在经营中，可以根据实际情况增设个别会计科目，各类会计科目的使用应符合财务会计制度的规定。

二、合作社财务管理

（一）财务管理特点

1. 不以盈利为目的

由于农机专业合作社是以其成员为主要服务对象的，因此，其存在的目的与公司的目的有着根本性的不同，公司是为了实现股东利益最大化，本质上是商业资本最大限度的追逐利润，而合作社则是为了保护其成员的合法权益，帮助成员实现生产经营的利润最大化。

2. 合作社与成员和非成员的交易分别核算

农机专业合作社与其成员的交易、与利用其提供的服务的非成员的交易，应当分别核算。

同时，农机专业合作社应当为每位成员设立成员账户，成员账户是用来记录成员与合作社交易情况以及其在合作社财产中所拥有份额的会计账户。主要记载：该成员的出资额、量化为该成员的公积金份额、该成员与本社的交易量（交易额）。

3. 盈余二次分配

农机专业合作社形成的盈余，有一套特殊的分配制度，根据《农民专业合作社法》的规定，合作社盈余应当按照以下顺序进行使用和分配：① 弥补以前年度亏损；② 按照章程规定或者成员大会的决议提取公积金；③ 弥补亏损、提取公积金后的可分配盈余，按照成员与本社的交易量（额）比例返还，返还总额不得低于可分配盈余的60%；④ 返还后剩余的可分配盈余，以成员账户中记载的

出资额和公积金份额,以及本社接受国家财政直接补助和他人捐赠形成的财产平均量化到成员个人账户。

(二)会计报表编制

会计报表是反映合作社某一特定日期财务状况和某一会计期间经营成果的书面报告。农机专业合作社应当编制资产负债表、盈余及盈余分配表、成员权益变动表、科目余额表和收支明细表、财务状况说明书等。

三、合作社内部控制

农机专业合作社的财务活动包括资金筹集、资金的投入与使用、资金的收入与分配等。为了加强合作社对于各项经济活动的监督和控制,合作社应当构建完整的内部控制体系,结合实际情况,建立健全货币资金、销售业务、采购业务、存货、对外投资、固定资产以及借款等事项的内部控制制度,明确相关岗位的职责权限,明确办理业务的流程标准,强化监督、提升效益。

第二节 农机专业合作社资产与负债管理

一、资产管理

(一)资产概念

资产就是指农机专业合作社正在使用的财产。合作社的资产分为流动资产、农业资产、对外投资、固定资产和无形资产等,其中,流动资产又包括现金、银行存款、应收款项、存货等。

(二)资产类别

1.货币资金

货币资金具有高度的流动性,因此也具有较高的风险性,是合作社资产的重要组成部分之一,加强货币资金的管理和控制至关重要。在农机专业合作社里,由出纳人员保管的现金以及放在银行账户里的存款,都属于货币资金,包括人民币和各种外币。

财务会计制度明确规定,合作社应当建立货币资金业务的岗位责任制,明确审批人和经办人对货币资金业务的权限、程序、责任和相关控制措施。具体可以采用不相容岗位相互分离、加强出纳人员和印章的管理、定期盘点和清查库存现金、组织专人与银行对账等方式。

2. 应收款项

应收款项一般产生于赊销行为中，所谓赊销，即卖方与买方签订购货协议后，卖方让买方取走货物，而买方按照协议在规定日期付款或分期付款形式付清货款的过程。农机专业合作社的应收款项可分为两类：一是合作社与外部单位或个人进行交易所产生的，以"应收款"科目核算；二是合作社与所属单位或成员进行交易所产生的，通过"成员往来"科目核算。

合作社应当加强销售业务和采购业务的审核、审批、监督和管理，以防在此类业务中产生的应收款项发生坏账的风险。

3. 存货

农机专业合作社的存货是指在生产经营过程中持有以备出售，或者仍然处于生产过程中，或者在生产或提供劳务过程中将要消耗的各种材料、物资等。主要包括：种子、化肥、燃料、农药、原材料、机械零配件、低值易耗品、在产品、农产品、工业产成品、受托代销商品、受托代购商品、委托代销商品和委托加工物资等。

合作社应当加强存货的实物管理，入库和出库都要规范填写相关单据并由主要经手人和负责人签字。同时对存货要做好定期盘点核对，做到账实相符，年末必须进行一次全面的盘点清查。盘亏、毁损和报废的存货，按规定程序批准后，按实际成本扣除应由责任人或者保险公司赔偿的金额和残料价值后的余额，计入其他支出。

4. 农业资产

农业资产一般指的是农机专业合作社拥有的牲畜（禽）类资产和林木资产。主要包括幼畜及育肥畜、产畜及疫畜（包括禽、特种水产等）、经济林木和非经济林木等。而农产品和收获后加工而得的产品应列为流动资产中的存货。

5. 对外投资

农机专业合作社除了将资产用于本身的生产经营服务外，还可以根据国家法律、法规和政策的规定将资产投资到其他单位进行对外投资。合作社可以以现金、银行存款等货币资金方式或者以实物资产（含牲畜和林木）方式进行对外投资。

合作社的对外投资业务，应当由理事会提交成员大会决策，严禁任何个人擅自决定对外投资或者改变成员大会的决策意见。同时，合作社应对相关人员的权

限、责任等进行明确的规定，合理设置岗位，并实施责任追究制度，对各个环节的凭证、合同等文件资料注意留存，加强投资项目的跟踪管理。

合作社应当加强对外投资收益的控制，对外投资获取的利息、股利以及其他收益，均应纳入会计核算，严禁设置外账。

6.固定资产

农机专业合作社的房屋、建筑物、机器、设备、工具、器具和农业基本建设设施等，凡使用年限在一年以上，单位价值在500元以上的列为固定资产。有些主要生产工具和设备，单位价值虽低于规定标准，但使用年限在一年以上的，也可列为固定资产。合作社以经营租赁方式租入和以融资租赁方式租出的固定资产，不应列作合作社的固定资产。

合作社应当加强对固定资产实物的管理，明确相关部门和岗位的职责权限，强化对配置、使用和处置等关键环节的管控。按规定进行折旧的计提，且折旧方法一经选定，不得随意变动。

合作社应当定期对固定资产开展盘点清查，做到账实相符，发现有不符的，及时查明原因并按照财务会计制度规定进行账务处理。

7.无形资产

农机专业合作社的无形资产是指合作社长期使用但是没有实物形态的资产，包括专利权、商标权和非专利技术等。合作社应当将无形资产的入账价值在其预计可使用年限内进行摊销，摊销额转入相关费用，摊销期限一般不超过10年。

二、负债管理

（一）负债概念

负债，是指农机专业合作社所承担的能以货币计量，且需要偿还的债务，可分为流动负债和长期负债。农机专业合作社的债权人一般包括：银行、其他农机专业合作社、国家、职工、其他等。

（二）负债类别

1.流动负债

流动负债是指偿还期在一年以内（含一年）的债务，包括短期借款、应付款项、应付工资、应付盈余返还、应付剩余盈余等。

（1）短期借款。短期借款一般是合作社为了满足日常的生产经营活动或为成员提供服务或为偿还各项债务的需要，从银行、信用社等其他金融机构以及外部单位和个人借入的款项。

（2）应付款。应付款是指合作社与非成员之间发生的各种应付以及暂收款项。

（3）应付工资。应付工资是指合作社应付给其管理人员以及固定员工的工资额，包括各种奖金、津贴、补助等。

（4）应付盈余返还。应付盈余返还是指合作社可分配盈余中应返还给成员的总金额。可分配盈余是指合作社在弥补亏损、提取公积金后的当年盈余。

（5）应付剩余盈余。应付剩余盈余是指按成员与本社交易量（额）比例进行盈余返还后，应付给成员的可分配盈余的剩余部分。

合作社应当明确债务管理相关岗位的职责权限，确保举债申请与审批、债务业务经办与会计核算、债务业务经办与债务对账检查等不相容岗位相互分离，并对举借债务进行充分论证、集体决策、严格报批，同时，举借来的债务应当按照规定的用途使用，并在使用过程中加强单据、合同等文件档案的管理。

2. 长期负债

长期负债是指偿还期超过一年以上（不含一年）的债务，包括长期借款、专项应付款等。

（1）长期借款。长期借款是指合作社从银行、信用社等金融机构以及外部单位和个人借入的，期限超过一年（不含一年）的借款以及偿还期超过一年（不含一年）的应付款项。

（2）专项应付款。专项应付款是指合作社接受国家财政直接补助的资金。这部分资金应当专款专用，主要用来扶持和引导合作社发展，支持农机专业合作社开展信息、培训、农机作业项目质量标准与论证、农业生产基础设施建设、市场营销和技术推广等服务。

第三节　农机专业合作社所有者权益管理

一、所有者权益概念

所有者权益是合作社及其成员在合作社资产中享有的经济利益，其金额为合作社全部资产减去全部负债后的余额。合作社的所有者权益包括股金、专项基金、资本公积、盈余公积和未分配盈余。

二、所有者权益管理

（一）股金

股金是合作社成员实际投入合作社的各种资产的价值。它是进行生产经营活动的前提，也是合作社成员分享权益和承担义务的依据。合作社对成员入社投入的资产要按有关规定确认和计量。合作社收到成员入社投入的资产，应按双方确认的价值计入相关资产，按享有合作社注册资本的份额计入股金。

（二）专项基金

合作社接受国家财政直接补助形成的固定资产、农业资产和无形资产，以及接受他人捐赠、用途不受限制或已按约定使用的资产计入专项基金。

（三）资本公积

资本公积是合作社收到成员入社投入的资产和其他来源取得的用于扩大生产经营、承担经营风险及集体公益事业的专用基金。合作社收到成员入社投入的资产，双方确认的价值与按享有合作社注册股金份额计算的金额之差额，计入资本公积；对外投资中，资产重估确认价值与原账面净值的差额计入资本公积。

（四）盈余公积

合作社从当年盈余中按一定比例提取盈余公积。盈余公积是合作社的公共积累。根据章程规定和经成员大会讨论决定，盈余公积可用于转增股金，弥补亏损等。

第四节　农机专业合作社收入成本费用与盈余管理

一、收入管理

收入是指农机专业合作社在销售商品、提供劳务及转让资产使用权等日常活动中所形成的经济利益的总流入，通常包括销售商品或提供劳务的销售收入、利息收入、使用费收入、股利收入等。合作社的收入分为经营收入和其他收入两种类型。

合作社的经营收入是指合作社为成员提供农业生产资料的购买，农产品的销售、加工、运输、贮藏以及与农业生产经营有关的技术、信息等服务取得的收入，以及销售合作社自己生产的产品、对非成员提供劳务等取得的收入。合作社的其他收入是指除经营收入以外的收入。

合作社应当采取相应的控制措施,防范收入业务中可能存在的风险,确保收款、会计核算等不相容岗位相互分离,加强对票据和印章的管控,明确审批人和经办人的权限、程序、责任和相关制度。

二、成本管理

合作社的生产成本是指合作社直接组织生产或对非成员提供劳务等活动所发生的各项生产费用和劳务成本。按照成本对象归集,分为以下两类。

(一) 直接组织农机作业项目的耗费

1. 直接材料费

是指农机作业项目实施过程中消耗的主燃油、润滑油、电力费等。

2. 直接人工费

是指直接从事农机作业项目的人员工资、工资性津贴、奖金、福利费等。

3. 其他直接费

包括农机作业项目中的田间运输费、生产中耗费的种子、肥料、地膜、农药等。

4. 间接费用

包括为组织和管理生产所发生的管理人员工资、差旅费、折旧费、维修费、水电费、办公费、大修理提存费、劳保用品等。

(二) 对外提供劳务的耗费

包括培训费、差旅费、工资福利、保险费等。

三、费用管理

费用支出是指农机专业合作社进行生产经营活动所发生的各种耗费的总和,包括经营支出、管理费用和其他支出等。

合作社的经营支出是指合作社为成员提供农业生产资料的购买,农产品的销售、加工、运输、贮藏以及与农业生产经营有关的技术、信息等服务发生的实际支出,以及因销售合作社自己生产的产品、对非成员提供劳务等活动发生的实际成本。

管理费用是指合作社管理活动发生的各项支出,包括管理人员的工资、办公费、差旅费、管理用固定资产的折旧、业务招待费、无形资产摊销等。

其他支出是指合作社除经营支出、管理费用以外的支出。

合作社可以建立总的支出业务管理制度和各类支出业务的实施细则,加强事前申请控制、审核审批控制以及支付控制,控制不合理的费用支出,节约开支。且支出申请和内部审批、付款审批和付款执行、业务经办和会计核算等岗位不得相容,大额支出需经合作社成员大会或成员代表大会讨论通过后执行。

四、盈余管理

盈余是指农机专业合作社在一定会计期间内生产经营、提供服务和管理活动所取得的净收入,即为收入和支出的差额,它反映了合作社一定期间内的财务成果,是反映和考核合作社生产经营和服务活动质量的一项综合性财务指标。

(一)盈余构成

本年盈余=经营收益+其他收入-其他支出

其中:经营收益=经营收入+投资收益-经营支出-管理费用

投资收益是指投资所取得的收益扣除发生的投资损失后的数额。包括对外投资分得的利润、现金股利和债券利息,以及投资到期收回或者中途转让取得款项高于账面余额的差额等。投资损失包括投资到期收回或者中途转让取得款项低于账面余额的差额。

合作社在进行年终盈余分配工作以前,要准确地核算全年的收入和支出;清理财产和债权、债务,真实完整地登记成员个人账户。

(二)盈余分配

1. 盈余分配的要求

合作社的盈余分配,是指把当年已经确定的盈余总额连同以前年度的未分配盈余按照一定的标准进行合理分配。盈余分配是合作社财务管理和会计核算的重要环节,关系到国家、集体、成员及所有者等各方面的利益,具有很强的政策性。因此,合作社必须严格遵守财务会计制度等有关规定,按规定的程序和要求,做好盈余分配工作。

合作社在进行盈余分配前,首先,应编制盈余分配方案,方案应详细规定各分配项目及其分配比例。盈余分配方案必须经合作社成员大会或成员代表大会讨论通过后执行,必须充分听取群众的意见。其次,应做好分配前的各项准备工作,清理有关财产,结清有关账目,以保证分配及时兑现,确保分配工作的顺利完成。

2. 盈余分配的顺序

（1）弥补亏损。直接弥补以前年度亏损额。

（2）提取盈余公积。盈余公积主要用于发展生产、转增资本，或者用于弥补亏损。

（3）盈余返还。盈余返还部分是指在弥补亏损、提取盈余公积后可供当年成员分配的盈余。主要按成员交易量（额）进行盈余返利的比例不得低于60%。

（4）剩余盈余分配。扣除上述各项后的盈余可按"成员出资""公积金份额""接受国家财政直接补助资金额""他人捐赠形成的财产额"合计数平均量化到成员个人。

第五节 农机专业合作社财务分析

农机专业合作社进行财务分析，主要是根据各类会计报表中的数据，对其过去和现在有关筹资活动、投资活动、经营活动、分配活动的盈利能力、营运能力、偿债能力和增长能力等状况进行分析与评价的过程，具体有以下几个方面。

一、收入支出情况分析

主要分析各项收入是否符合相关规定，是否执行了相应的收取标准，是否完成了预算收入计划，各项收入的增减变动情况及变动的原因。分析各类支出是否按照规定的用途和标准使用，支出结构是否合理，各项支出增减变动的情况及原因等。

二、资产负债情况分析

（一）货币资金情况分析

主要分析合作社是否有保证其正常运转的资金量，具体来说，对库存现金的分析，首先检查其账款是否相符，如有不符，要查明原因，分清并追究责任；其次检查库存规定限额的遵守情况；最后检查现金收支是否符合现金管理规定。对银行存款的分析主要通过银行存款占用率等指标，分析银行存款对生产经营以及支付能力等的影响，分析银行存款的使用是否符合银行结算制度。

（二）存货、固定资产情况分析

分析各类存货的结构情况，有无长期积压和浪费损失的现象，分析各项受托

或委托的物资是否按要求及时办理，分析固定资产的增加及其资金来源是否符合规定，减少是否合理和经过批准，尤其是国家财政直接补助和接受捐赠形成的固定资产是否按规定单独处理，各项固定资产使用是否充分有效，有无长期闲置和维护不善等情况。

（三）往来款项情况分析

分析各类应收应付款项的分布及未结算原因，尤其对于长期挂账的往来款项，应及时查明原因并处理，减少坏账的发生。

（四）负债情况分析

分析各类短期借款和长期借款的结构情况以及增减变动情况，通过对资产负债率等指标的计算，分析合作社的经营风险以及偿债风险。

三、成员权益分析

（一）成员权益变动情况分析

分析成员入社、退社是否按照章程规定或成员大会的决定，分析合作社是否详细建立了成员个人账户并及时准确地记录每位成员的权益变化。

（二）对返还给成员本年盈余的分析

分析合作社是否按照章程规定或成员大会决定的比例计提应付盈余返还和应付剩余盈余，是否及时准确返还到成员个人账户中，是否符合财务会计制度中要求返还的比例。

第七章 农机专业合作社发展与实践

第一节 北京市农机专业合作社发展现状及分析

自2007年《农民专业合作社法》颁布实施以来，北京市各级农机管理和技术推广部门充分发挥农机购机补贴政策、科技、培训等的引导、扶持、支撑作用，按照"引导不强迫、扶持不包办、服务不干预"的原则，形成了农机合作社为主体，以村级农机服务队和农机专业户为辅的多种组织形式并存的农机社会化作业服务体系。该体系的快速规范发展，推进了农业生产的适度规模经营，成为推进北京市农业机械化发展的重要载体和农机社会化作业服务的主力军。

随着北京市农业结构调整的不断深入，对农机社会化作业服务体系建设与发展提出了新的要求，各区农机合作社发展在数量、经营模式、服务内容、经济效益等方面发生了新的变化，为准确了解全市现阶段农机合作社发展动态，摸清发展现状，为农机合作社健康持续发展制定相应政策扶持和开展技术服务提供参考，北京市农机试验鉴定推广站在2018年3月和4月两个月时间，组织全市9个区农机管理部门对本区农机合作社发展现状以表格的形式进行了统计上报，现将统计上报情况进行了汇总和分析，与2015年上报情况进行了对比，得出其在各个方面的变化。

一、农机合作社数量变化呈现稳中有降趋势

从各区数量变化对比情况，大部分区均有不同程度的减少，与结构调整大田粮食面积下调相符。具体变化数量见表7-1。

表 7-1　北京市农机合作社数量变化情况

区	2015 年	2016 年	2017 年	2017 年与 2016 年变化数量
昌平	1	2	3	+1
通州	12	13	13	0
顺义	20	21	17	−4
大兴	35	35	24	−11
密云	25	25	19	−6
怀柔	24	23	20	−3
平谷	28	23	18	−5
房山	16	16	7	−9
延庆	5	4	5	+1
合计	166	162	126	−36

从统计数字分析得出：农机合作社数量较多的区，数量减少的幅度较大，大兴区下降 31%，平谷区下降 35%，房山区下降 43%。

二、全市农机合作社作业面积总体保持稳定

本市农机合作社大田作业面积由 2015 年 157.68 万亩减到 147.478 万亩，蔬菜、林果和花卉作业面积增加 10.2695 万亩，总体作业面积保持稳定，外埠作业面积 2017 年为 59.8932 万亩，2015 年为 31 万亩，呈现上升趋势，从数据分析得出，农机合作社由单纯的大田农机作业向蔬菜、林果和花卉产业提供农机作业服务逐步拓展，作业服务范围逐步向外埠作业扩大和延伸。

三、全市农机合作社在规模经营方面，承包经营土地面积呈现逐年下降趋势

农机合作社规模流转经营土地面积由 2015 年 8.8 万亩下降到 2017 年 4.811 万亩，托管土地经营面积呈现上升趋势，由 2015 年 7.005 万亩增加到 2017 年 9.795 万亩，反映了农机合作社由土地流转经营逐步向土地托管经营模式转变。

四、全市农机合作社农机装备变化情况

从统计数据对比情况反映，2015 年农机装备原值 32 010 万元，2017 年农机装备原值为 28 086.8 万元，农机装备总数量 2015 年 4 989 台（套），2017 年总数量为 3 905 台（套），总体呈现下降趋势，与农机合作社数量减少和合作社农

机装备以大田粮食生产配套农机为主相关联。

五、农机合作社年度经营总收入呈现两极分化趋势

由 2015 年 25 527.78 万元减到 2017 年的 14 673 万元，从单个合作社农机化作业服务收入数据反映，大型农机合作社年度总收入呈现稳定增长趋势，如被评为全国农机合作社示范社兴农天力合作社由 2015 年的 984 万元增长到 986 万元，河南寨农机合作社由 2015 年 2 100 万元增长到 2017 年 2 300 万元，鑫利农机合作社由 2015 年 687 万元增长到 2017 年 987 万元，小型农机合作社由于服务形式单一，经营收入普遍下降，甚至有的合作社名存实亡，如通州区有 5 家农机合作社 2017 年作业面积为零，反映了大型农机合作社通过多元化经营和快速跟进结构调整转型升级实现了持续稳定发展。

第二节　农机合作社示范社发展典型经验材料

自 2007 年《农民专业合作社法》颁布实施以来，在各项强农惠农政策的强力推动下，农机合作社得到了快速发展，先后经历了先发展、再规范，边发展、边规范和以规范促发展的不同阶段，农机合作社成为了农机化发展的重要载体和农业新型经营主体，在农业生产中发挥了主力军作用，在规范运行、适度规模经营、服务模式创新、农机化技术示范推广等多方面涌现出一批典型农机合作社。现收集、整理国内其他省市和北京市被评为国家级全国农民专业合作社和全国农机合作社示范社的典型材料，每个合作社在运行管理、服务模式等方面各具特色，为农机合作社结合自身发展实际在规范管理、开展经营与服务实现健康快速发展提供参考和借鉴。

服务都市发展　建设都市型农机合作社
依托万亩示范区创新转型升级发展

北京兴农天力农机服务专业合作社

一、合作社简介

北京兴农天力农机服务专业合作社（图 7-1）成立于 2008 年，社址坐落在顺

义区赵全营镇前桑园村，现有社员365户，合作社现拥有各种现代化农机装备281台件，主要包括整地机械、播种机械、植保机械、施肥机械和收获机械，粮食种植3万余亩，设施大棚100栋，苗木果树种植500亩，总资产5 600万元，合作社发展初期主要从事农机作业服务、配件销售、农机维修等服务，经过多年发展，逐步发展为多元化经营与多样化服务为一体的新型农业经营主体，在立足农机作业服务的基础上，通过土地流转、全程托管等形式，实现了土地适度规模经营，2014年至今，合作社积极跟进北京市农业产业结构调整，抓住机遇，迎接挑战，调整种植结构，创新服务模式，开展设施蔬菜、设施花卉、露地蔬菜、休闲景观农业、农机文化科普与展示、农产品产后加工与销售等多元化经营与服务，实现了规范创新持续健康发展。合作社先后被评为全国农民专业合作社示范社、全国农机专业合作社示范社，北京市农民专业合作社示范社，顺义区先进农民专业合作社；合作社理事长陈领被农业部评为高级农村实用人才，被推选为北京市农民专业合作社联合会副会长、顺义区农民专业合作社联合会会长，北京市劳模。

图7-1 北京兴农天力农机服务专业合作社

二、合作社经营特点及运行模式

近年来，合作社跟进农业产业结构调整带来的新形势，抓住机遇，迎接挑战，以北京市推进新农村建设提出的政策方针为指导，开展土地适度规模经营，创新性的构建了多元化经营与服务发展新模式，合作社经过不断创新实践，实现了把土地流转起来,科技武装农业生产;把资产经营起来,农民"月领工资年分红";把农民组织起来,培养现代种田工人闯市场发展目标,使农机合作社成为了都市型现代农业新型经营主体典型(图7-2,图7-3)。

图7-2　机库1

图7-3　机库2

(一)开展土地流转规模经营,经营效益显著提升,发挥了规模经营主体作用

2012年,北京市政府为促进城乡一体化发展,推广现代企业发展战略,打造北京市高标准粮食生产农田,提高土地产出效率,提高农田生态景观价值,在顺义区实施了都市型现代农业万亩示范区建设。在各级政府的指导下,兴农天力合作社本着"农民自愿,稳步发展"的方针,最终以村集体为单位从当地分散经营的1 000余户农户手中流转了6 300亩土地,流转合同期为10年,流转价格为每亩1 200元,每四年递增5%。此外,合作社本身原来还接转了6 000多亩地。流转土地后,兴农天力合作社负责作物种植、田间管理并提供高效的农机服务。既实现了粮食规模化生产、机械化作业、标准化建设和社会化服务,又改善了农村环境面貌,打造了田园风光(图7-4)。

实现土地流转后,农民不但能每年享受1 200元/亩的收益,而且能促进农户转移就业。合作社优先为流转土地的农民提供就业岗位,目前已为100多位农民在合作社安排了就业,人均工资3 000元,并按照国家规定缴纳五项社会保险,实行带薪休假制度,成为新时期的种田工人,实现了绿港就业,增加了农民收入。合作社还将组织起来的农民进行农业技术培训,培养了一批现代化的职业农民。

实现土地流转后,农田实现统一良种、统一播种、统一管理、统一防控、统一收获,种植高产新品种和实施大规模机械化作业,大大降低了种植成本,提高了亩纯效益。流转之前,万亩示范区范围内的6 300亩地需要1 000个农户兼业经营,而合作社经营仅需65个社员来负责,人均管理100亩。通过土地流转和规模经营,每亩土地多收获一茬小麦,粮食产量和收入大幅提高,显著提升了土地产出率和劳动生产率。

图7-4 万亩示范区

(二)发展景观休闲农业为重点,创新流转土地规模经营服务新模式,提高土地经营效益

利用流转规模经营的土地,整合利用各种资源,与专业运营公司和区旅游委开展多方合作，打造了以特色景观观赏、绿色有机蔬菜种植、创意休闲农业、农机文化与展示为一体的总面积约 600 亩的兴农天力农业园，从 2016 年开始，经过整体规划设计，经过三年时间的重点打造，农业园完成了建设任务并有序运营，先后成功举办"小麦收获节""设施蔬菜及草莓观光采摘节""顺义首届醉美油菜花节""收获金秋　梦回田园丰收节"等系列观光休闲农业活动，使兴农天力农业园成为北京休闲的农业的经营效益显著，为发挥首都农业"生活示范服务功能"做出了贡献，实现了生产经济效益与服务经营效益的双赢，形成了土地规模流转经营服务新模式（图 7-5~图 7-7）。

图 7-5　兴农天力农业园

图 7-6　醉美油菜花节休闲活动

图 7-7 首届丰收节休闲活动

（三）开展农机化新装备、新技术示范应用，发挥农机化发展载体和新技术推广示范基地作用

万亩方已成为各种先进农业技术集成基地。一是农机农艺新技术，采用小麦新品种和玉米移栽高产新品种新技术，极大地提高了粮食产量；二是节水灌溉、水肥一体化技术，采用微喷和指针喷灌灌水，不但节水而且能提高肥料利用率减少土壤板结；三是农情监测系统，示范区内设立气象观测站、墒情监测站，及时

图 7-8 农机操作及维修技术培训

提供气象数据、墒情情况，有效地指导了田间管理，确保具体地块具体管理；四是农机北斗卫星监测系统，提高了农机管理水平（图7-8）。

（四）开展多元化经营与创新发展，发挥农机合作社实现创新转型升级新模式示范作用

合作社注重品牌化发展，对成员生产的蔬菜、水果、杂粮进行统一包装，其中草莓获得无公害认证和有机认证。合作社积极响应顺义区政府推进实施的商标战略，在区工商局商标科的支持与指导下，合作社在国家工商局商标局注册了"乡土风"和"乐都缘农场"两个商标，已经投入使用，种植出的特色无花果及制作出的无花果干颇受欢迎；生产的甜菜根具有"高品质""有营养"等特点，已推向"美味101"生活栏目组会员餐桌，正在挖掘具有"老北京风味"的"乡土风"品牌蔬菜。2017年合作社又申请了"兴农鼎力"商标，为下一步树立品牌打下了良好基础（图7-9）。

合作社抓住了"互联网+"良好机遇，与春播科技有限公司、彩虹雨有机健康生活馆等单位进行合作，提供高端有机蔬菜配送，销量增加1.5倍。

合作社从事蔬菜生产以来，严格把控投入品使用和产品产出，从未出现过质量事故。2016年，为顺应北京农业供给侧改革，合作社积极进行种植结构调整，

图7-9 品牌蔬菜与水果

新增 2000 亩菜田，进行蔬菜标准化、产业化、规模化经营。在原有设施有机蔬菜基础上，加快对新增菜田的"三品"认证率，为推进品牌蔬菜的市场化提供质量保障。

分析点评：

兴农天力农机合作社是北京市农机合作社在北京农业产业结构调整新形势下，通过多元化经营和服务模式创新，延伸产业链和一二三产业融合发展，实现转型升级发展的典型，其做法和取得的成效具有很强的示范作用，合作社发展实现了由以农机社会化服务为主单一经营模式向多元化经营与多样化服务经营模式的转变，其显著特点一是合作社理事长具有与时俱进的现代经营理念，紧跟结构调整新形势，跟进调整重点产业发展，如利用规模流转的土地，调整种植结构，由传统的大田粮食种植，调整为蔬菜种植和绿色有机特色农产品种植，在产业融合发展上，利用流转规模经营的土地，发展绿色生态和观光休闲农业，提高土地产出效益，在产业链上，由农机作业服务、农产品生产向农产品储藏、农产品加工和电商销售等环节延伸，在多个环节获取利润，有效解决了因农机作业面积下降和粮食价格波动对合作社经济效益下滑的问题，合作社实现了健康持续发展；二是合作社注重对人才队伍建设，合作社经过多年发展，构建了一批稳定的结构合理、分工明确、专业素质过硬的管理人才、技术人才和农机作业人员队伍，确保了合作社依法规范运行、管理高效和执行力坚决的现代企业管理机制运行；三是合作社注重与政府相关部门多方密切合作，紧跟政策和整合资源，使合作社成为先进农业科技、农业示范推广及重点农业任务的资源单位和合作示范基地，对合作社发展起到了有力的推动作用。

专业化服务创品牌　规模化经营促发展

北京河南寨农机服务专业合作社

一、合作社简介

2005 年 4 月，由陈向阳发起，吸收周边地区 17 个小规模的农机户，注册成立了河南寨农机合作社。为进一步规范合作社的经营管理，2009 年 6 月，注册为"北京河南寨农机服务专业合作社"，成为法人单位，使合作社步入了更加规范的经营管理、为农服务之路，也是合作社的一个历史转折（图 7-10，图 7-11）。

十几年来,陈向阳领导的北京河南寨农机合作社以"方便农民,诚信服务,互利双赢,开拓创新"为宗旨,艰苦奋斗在农机服务的道路上;带领农机合作社全体社员,无论酷暑严寒,驰骋在绿色的田野上,播种着希望的种子,收获着胜利的果实。合作社共有入社社员 188 户,年完成农田机械化作业面积 33 万亩,年经营总收入 2 100 万元,年创利 156 万元。合作社总占地 6 600m^2,其中办公用房和职工餐厅 300m^2,机库 1 040m^2。机收车队有 16 名机手,拥有各种农业机械 288 台件,运输机械 18 台件,农机总动力 4 950 千瓦,拥有储油 60t 的地下柴油库 1 座,固定资产 3 100 多万元。2007 年被农业部评为全国百家农机服务组

图 7-10 北京河南寨农机合作社

图 7-11 合作社机库

织联系点之一，2010年12月被农业部评为全国粮食生产大户，2010—2012年被农业部评为全国农机维修示范点，2010—2012年被农业部评为全国农机合作社示范点，2013年被农业部评为全国农机合作社示范社。2015年被评为北京市农民专业合作社示范社，2015年被评选为劳动模范集体，2016年被农业部评为全国农机合作社示范社。2016年，合作社理事长陈向阳被农业部授予"2016年全国十佳农民"称号。

二、合作社经营特点及运行模式

（一）积极开展土地流转规模经营与农机作业服务，充分体现了农机规模化经营效益

一是合作社在本市范围内通过流转承包、托管等方式经营土地22 000亩，订单式农机作业面积10 000亩，开展规模化经营与农机社会化作业服务，提高了机具利用率和土地产出率，达到了社员和合作社互利双赢的目的，农机户17户社员每年增收在4万元以上，流转土地17 000亩，农户每亩增收400元以上，托管土地5 000亩，农户每亩增收在800元以上，订单作业10 000亩，农户每亩增收120元以上，实现了农业增产、农民增收、共同富裕的目的。二是积极拓宽外阜作业市场，跨区作业，2012年，在内蒙古阿鲁科尔沁旗投资1 300万元，租赁土地10 000亩种植牧草，进行播种、收获全过程机械化作业，成立了北京河南寨农机服务专业合作社内蒙古分社，农机作业范围拓展到天津蓟县、河北省沽源、丰宁、定州、内蒙古阿鲁科尔沁旗、乌兰察布和山西大同等地区，为当地农民提供玉米精量播种、青贮玉米收获、籽粒收获等农机作业20 000亩，服务农户5 000多户，合作社经营效益稳定增长。

（二）充分发挥合作社装备、技术、人才优势，积极承担农机化重点项目实施和农机作业工作任务，示范带头作用明显

合作社近几年先后承担"密云区京津风沙源治理工程""玉米生产全过程机械化示范"、优质农田改造、土壤机械化深松、谷物收获、秸秆机械化回收与综合利用等市区镇作业项目近10万亩，合作社农机作业主力军作业凸显。充分发挥大型青贮收获机装备优势，开展青贮玉米机械化收获工作，2015年为12个奶牛场，输送青贮玉米饲料达8.7万吨，为密云区区奶牛事业发展做出了贡献。2015年改建车库棚670平方米，合作社规范化建设水平显著提升，得到了市区有关部门的支持和肯定。为了扩大农机作业，2015年合作社新购进1台约翰迪

尔玉米青贮收获机、2台久保田全喂入式谷物收获机，为扩大农机作业规模和拓展农机作业内容注入了新的活力（图7-12，图7-13）。

图7-12　玉米籽粒直收

图7-13　青贮玉米收获作业

三、合作社发展趋势及下一步想法

北京河南寨农机专业合作社紧紧围绕农业产业结构调整目标，跟进和适应调整新形势，继续坚持"方便农民，诚信服务，互利双赢，开拓创新"宗旨，以党的十八届五中全会提出的创新、协调、绿色、开放、共享的发展理念为指导,积极探索合作社经营发展新模式,拓展经营范围,创新经营机制,开展经济作物适度规模种植及全程机械化服务,以规范和创新促进合作社发展,稳定以跨区青贮玉米收获和牧草机械化种植与收获外埠作业面积,为推进京津冀农机社会化农机作业服务一体化发展做出应有的贡献。

分析点评:

北京河南寨农机服务专业合作社是北京市农机合作社在规模化经营与服务的典型,通过土地流转承包和托管经营服务和订单式农机作业服务模式,实现规模化经营效益,其主要特点是在立足为本区农业规模经营和提供农机作业服务的基础上,发挥自身农机装备优势,开拓外埠作业空间,扩大作业面积、拉长作业周期,提高农机装备利用率,提高农机作业经济效益,在结构调整新形势下,通过种植结构调整,开展附加值高的经济作业种植,调整农机装备结构,创新农机作业服务内容,在蔬菜、谷子、红薯、花生等产业提供农机作业服务,有效解决了大田粮食作业面积下降到不足,发挥农机合作社装备和专业化农机服务优势,成为农机化发展的重要载体,承担北京市及密云区重点农机化任务,如政府购买服务的土壤机械深松、秸秆回收处理与综合利用等重点任务,配合各级农机推广部分开展农机示范推广项目,使合作社成为基层农机推广的重要补充和合作基地,在发挥合作社示范作用的同时,取得了社会效益和经济效益的双赢。

实行土地入股　创新利益机制　促进农民增收

黑龙江克山县仁发现代农机合作社

仁发现代农机合作社于2009年年底组建,2010年正式运营。到2015年,合作社固定资产达到5 176万元,入社成员1024户,经营土地5.6万亩。通过实践创新,总结探索出了"以土地入社为核心,以现代农机为载体,以生产合作为纽带"的克山县仁发现代综合经营型合作社模式,走出了一条市场经济条件下农机化建设的新路子。仁发合作社先后荣获全国农民专业合作社示范社和全国农机专业合作社示范社称号(图7-14)。

一、坚持土地入社，实行进出自由

成立之初，合作社 7 户成员出资 850 万元，国家出资 1 200 余万元，购置大型农业机械耕作租赁的 1 100 亩土地和并服务周边农户。由于土地不连片，大机械没能发挥作用，2010 年盈余仅 13 万元，算上机具折旧费亏损近 200 万元，成员对合作社发展也失去了信心，个别成员甚至提出退社要求。2011 年春，正值合作社身陷困境、前途渺茫时，省农委主任和市县领导来合作社调研，提出"吸引农民带地入社，把农民与合作社结成利益共同体"的建议。一语惊醒梦中人，理事长李凤玉与成员重新振作，积极探索，大胆创新，采取多种措施积极吸引农民带地入社。经合作社成员大会讨论决定，印发了《致全体村民的一封公开信》，7 名成员和乡村干部逐屯逐户宣传讲解"七条承诺"，为农民算入社土地保底账、规模经营增产账、统购统销节本增收账、国家政策扶持效益账、打工额外收益账等最直接的好处，明确合作社入社自愿、退社自由，使农民愿意参加合作社也敢于参加合作社。最吸引农民的是，入社土地每亩保底价为 350 元，而当时土地流转最高价为每亩 240 元，有的流转给亲属才每亩 100 多元，仅此一项每亩至少多赚 110 元。此外，承诺年末实施二次分红，通过效益吸引，极大地调动了农民带地入社的积极性。为解决外出务工农户土地入社难题，确保土地连片规模经营，合作社想方设法与打工村民取得联系，组织专人到其所在城市面谈，理事长李凤

图 7-14　仁发农机合作社

玉到秦皇岛说服39户农民把870亩土地吸纳入社。不到两周时间，入社农民达307户，入社土地1.5万亩。

二、创新分配机制，实现风险共担

一是调整分配方式。2012年以前，合作社采取"土地保底和二次分红"的分配方式，有利于消除成员顾虑，吸引更多农民带地入社，但保底开支大、现金支出高，对合作社来说是带着风险搞经营，踏在浪尖求发展。2013年年初，经成员代表大会表决，建立了利益共享、风险共担的分配机制。合作社取消入社土地保底金，把入社土地等同于交易量，盈余分配向入社土地倾斜，让带地入社农民获得更多的实惠。年终分配时，将总盈余的74%按土地面积分配，26%按资金分配。当年合作社成员入社土地亩收益达922元，比当地非成员农户多682元。二是将公积金量化为成员投资。2011年，经成员代表大会表决，合作社开始提取公积金，按分红比例记在个人账户，等同于投资，不仅成员之间产权明晰，而且不同年份也利益清楚，成员们都愿意提取公积金。2015年，合作社已累计提取公积金2 288.9万元，正常经营基本"不差钱"。三是将国家投入参照股权方式平均量化到人。从2013年开始，合作社将国家投入资金参照股权方式每年平均量化给合作社成员，与成员投资等一起作为分配依据，使成员在国家补贴面前人人平等，真正体现了合作社的本质属性。四是未分配盈余始终为零。合作社盈余或分配给成员，或提取公积金，不形成无主财产，避免了走人民公社"一大二公"的老路。

三、推行一人一票，强化民主管理

合作社组建以来，严格遵循《农民专业合作社法》，在种植计划、投资项目、收益分配等重大事项决策时，都要召开合作社成员大会或成员代表大会，严格执行一人一票制度，不按出资额表决，使成员充分行使民主权利，积极参与到合作社管理中来，对合作社的发展壮大发挥了重要作用。通过几年的实践，成员代表行使参与合作社决策管理的意识逐步增强。2014年，理事会提交了审查和接收新成员、发展黄肉牛养殖、绿色有机生产基地建设、引进水果玉米加工厂项目等四项工作计划，由合作社成员代表大会审议。前三项工作计划获得了63位成员代表中的绝大多数同意。在引进水果玉米加工厂项目上，成员代表的意见产生了较大分歧，在表决中仅得到了28位成员代表的支持，由于未超过半数，成员代表大会没有通过。这是建社以来第一个被成员代表否决的工作计划。实行民主管理和一人一票表决，确保合作社运行中出现的问题得到及时纠错，成员越来越关心合作社发展，提高了合作社规范化管理水平，合作社的生命力也越来越强。

四、推行业绩考核，做到按劳取酬

2013年，合作社开始实行工资与效益挂钩。管理和工作人员由挣固定工资变为绩效工资，合作社将管理工作目标考核量化承包，责任效益分门别类细化到人。经成员代表大会表决，每年拿出总盈余的3%作为管理人员工资总额，其中理事长20%、其他人员80%。改革农机管理模式，驾驶员实行全员招聘、单车核算；把农机具承包到人，划分作业区，由机务经理统一指挥，统一供油，分片作业；确定年单车作业量1.4万标准亩，完成作业量每名驾驶员每亩提取1.2元作为年工资，超出部分每亩提取1.4元，未完成作业量每亩提取1元；确定用油和修理费标准，实行节约归己、满奖满罚的监督约束机制，充分调动了驾驶员工作积极性。

五、拓展增收空间，推进产业融合

合作社先后投资建设了1 800平米马铃薯组培楼、1万平米网棚、3 800平米种薯窖，生产原种280万粒；新建年可烘干玉米1.5万吨的烘干塔，扩大烘干和仓储能力；新建存栏1 000头、年出栏2 000头的黄肉牛养殖场，同时种植1.2万亩绿色有机食品提高农产品品质；建立"仁发特卖"追溯和网络营销平台，打造"龙可""龙妹"和"仁发绿色庄园"等自主品牌，提高市场竞争力。其中1 000亩有机高蛋白豆浆大豆，平均亩产140公斤（1公斤=1千克。全书同），每公斤可卖到20元以上。合作社牵头与县内7家合作社联合出资1亿多元，新建30万吨谷物综合加工项目，推动玉米和大豆错峰销售，实现农产品加工增值。

六、扩大合作联合，抱团勇闯市场

2015年，合作社发起组建了黑龙江龙联合作社联合社，全省300多家合作社成为其首批成员，规模经营土地达到420多万亩。中国建设银行黑龙江省分行为联合社授信30亿元信贷规模，为联合社的发展提供了资金保障。省级联合社的成立，为全省农民合作社搭建了强强联合的平台，方便各成员社沟通信息、共

享资源、开发产品、打造品牌、开拓市场。为合力破解制约合作社发展的资金、销售等瓶颈问题，实现抱团闯市场，探索出了一条路子。

分析点评：

黑龙江仁发现代农机合作社作为全国农机合作社示范社中的典型，在探索农机合作社依据《中华人民共和国农民专业合作社法》规范运行实践中取得了成功的经验和做法，为农机合作社在发展过程中普遍存在的合作社内部管理不规范、成员与合作社利益分配机制不清晰等共性问题，提供了可学习和借鉴的经验。仁发农机合作社能够逐步做大做强，一是合作社依法规范运行，通过不断创新，建立与发展相适应的内部管理机制，实现了以创新促发展；二是以规模化经营、多产业融合发展方式，实现合作社经济效益稳定增长；三是以现代农业科技应用和建立多渠道销售保障规模化经营收益。

附录Ⅰ 法律法规

中华人民共和国农民专业合作社法

（2006年10月31日第十届全国人民代表大会常务委员会第二十四次会议通过 2017年12月27日第十二届全国人民代表大会常务委员会第三十一次会议修订）

第一章 总 则

第一条 为了规范农民专业合作社的组织和行为，鼓励、支持、引导农民专业合作社的发展，保护农民专业合作社及其成员的合法权益，推进农业农村现代化，制定本法。

第二条 本法所称农民专业合作社，是指在农村家庭承包经营基础上，农产品的生产经营者或者农业生产经营服务的提供者、利用者，自愿联合、民主管理的互助性经济组织。

第三条 农民专业合作社以其成员为主要服务对象，开展以下一种或者多种业务：

（一）农业生产资料的购买、使用；

（二）农产品的生产、销售、加工、运输、贮藏及其他相关服务；

（三）农村民间工艺及制品、休闲农业和乡村旅游资源的开发经营等；

（四）与农业生产经营有关的技术、信息、设施建设运营等服务。

第四条 农民专业合作社应当遵循下列原则：

（一）成员以农民为主体；

（二）以服务成员为宗旨，谋求全体成员的共同利益；

（三）入社自愿、退社自由；

（四）成员地位平等，实行民主管理；

（五）盈余主要按照成员与农民专业合作社的交易量（额）比例返还。

第五条 农民专业合作社依照本法登记，取得法人资格。

农民专业合作社对由成员出资、公积金、国家财政直接补助、他人捐赠以及合法取得的其他资产所形成的财产，享有占有、使用和处分的权利，并以上述财产对债务承担责任。

第六条 农民专业合作社成员以其账户内记载的出资额和公积金份额为限对农民专业合作社承担责任。

第七条 国家保障农民专业合作社享有与其他市场主体平等的法律地位。

国家保护农民专业合作社及其成员的合法权益，任何单位和个人不得侵犯。

第八条 农民专业合作社从事生产经营活动，应当遵守法律，遵守社会公德、商业道德，诚实守信，不得从事与章程规定无关的活动。

第九条 农民专业合作社为扩大生产经营和服务的规模，发展产业化经营，提高市场竞争力，可以依法自愿设立或者加入农民专业合作社联合社。

第十条 国家通过财政支持、税收优惠和金融、科技、人才的扶持以及产业政策引导等措施，促进农民专业合作社的发展。

国家鼓励和支持公民、法人和其他组织为农民专业合作社提供帮助和服务。

对发展农民专业合作社事业做出突出贡献的单位和个人，按照国家有关规定予以表彰和奖励。

第十一条 县级以上人民政府应当建立农民专业合作社工作的综合协调机制，统筹指导、协调、推动农民专业合作社的建设和发展。

县级以上人民政府农业主管部门、其他有关部门和组织应当依据各自职责，对农民专业合作社的建设和发展给予指导、扶持和服务。

第二章 设立和登记

第十二条 设立农民专业合作社，应当具备下列条件：

（一）有五名以上符合本法第十九条、第二十条规定的成员；

（二）有符合本法规定的章程；

（三）有符合本法规定的组织机构；

（四）有符合法律、行政法规规定的名称和章程确定的住所；

（五）有符合章程规定的成员出资。

第十三条 农民专业合作社成员可以用货币出资，也可以用实物、知识产权、土地经营权、林权等可以用货币估价并可以依法转让的非货币财产，以及章程规定的其他方式作价出资；但是，法律、行政法规规定不得作为出资的财产除外。

农民专业合作社成员不得以对该社或者其他成员的债权，充抵出资；不得以缴纳的出资，抵销对该社或者其他成员的债务。

第十四条 设立农民专业合作社，应当召开由全体设立人参加的设立大会。设立时自愿成为该社成员的人为设立人。

设立大会行使下列职权：

（一）通过本社章程，章程应当由全体设立人一致通过；

（二）选举产生理事长、理事、执行监事或者监事会成员；

（三）审议其他重大事项。

第十五条 农民专业合作社章程应当载明下列事项：

（一）名称和住所；

（二）业务范围；

（三）成员资格及入社、退社和除名；

（四）成员的权利和义务；

（五）组织机构及其产生办法、职权、任期、议事规则；

（六）成员的出资方式、出资额，成员出资的转让、继承、担保；

（七）财务管理和盈余分配、亏损处理；

（八）章程修改程序；

（九）解散事由和清算办法；

（十）公告事项及发布方式；

（十一）附加表决权的设立、行使方式和行使范围；

（十二）需要载明的其他事项。

第十六条 设立农民专业合作社，应当向工商行政管理部门提交下列文件，申请设立登记：

（一）登记申请书；

（二）全体设立人签名、盖章的设立大会纪要；

（三）全体设立人签名、盖章的章程；

（四）法定代表人、理事的任职文件及身份证明；

（五）出资成员签名、盖章的出资清单；

（六）住所使用证明；

（七）法律、行政法规规定的其他文件。

登记机关应当自受理登记申请之日起二十日内办理完毕，向符合登记条件的申请者颁发营业执照，登记类型为农民专业合作社。

农民专业合作社法定登记事项变更的，应当申请变更登记。

登记机关应当将农民专业合作社的登记信息通报同级农业等有关部门。

农民专业合作社登记办法由国务院规定。办理登记不得收取费用。

第十七条 农民专业合作社应当按照国家有关规定，向登记机关报送年度报告，并向社会公示。

第十八条 农民专业合作社可以依法向公司等企业投资，以其出资额为限对所投资企业承担责任。

第三章 成 员

第十九条 具有民事行为能力的公民，以及从事与农民专业合作社业务直接有关的生产经营活动的企业、事业单位或者社会组织，能够利用农民专业合作社提供的服务，承认并遵守农民专业合作社章程，履行章程规定的入社手续的，可以成为农民专业合作社的成员。但是，具有管理公共事务职能的单位不得加入农民专业合作社。

农民专业合作社应当置备成员名册，并报登记机关。

第二十条 农民专业合作社的成员中，农民至少应当占成员总数的百分之八十。

成员总数二十人以下的，可以有一个企业、事业单位或者社会组织成员；成员总数超过二十人的，企业、事业单位和社会组织成员不得超过成员总数的百分之五。

第二十一条 农民专业合作社成员享有下列权利：

（一）参加成员大会，并享有表决权、选举权和被选举权，按照章程规定对本社实行民主管理；

（二）利用本社提供的服务和生产经营设施；

（三）按照章程规定或者成员大会决议分享盈余；

（四）查阅本社的章程、成员名册、成员大会或者成员代表大会记录、理事会会议决议、监事会会议决议、财务会计报告、会计账簿和财务审计报告；

（五）章程规定的其他权利。

第二十二条　农民专业合作社成员大会选举和表决，实行一人一票制，成员各享有一票的基本表决权。

出资额或者与本社交易量（额）较大的成员按照章程规定，可以享有附加表决权。本社的附加表决权总票数，不得超过本社成员基本表决权总票数的百分之二十。享有附加表决权的成员及其享有的附加表决权数，应当在每次成员大会召开时告知出席会议的全体成员。

第二十三条　农民专业合作社成员承担下列义务：

（一）执行成员大会、成员代表大会和理事会的决议；

（二）按照章程规定向本社出资；

（三）按照章程规定与本社进行交易；

（四）按照章程规定承担亏损；

（五）章程规定的其他义务。

第二十四条　符合本法第十九条、第二十条规定的公民、企业、事业单位或者社会组织，要求加入已成立的农民专业合作社，应当向理事长或者理事会提出书面申请，经成员大会或者成员代表大会表决通过后，成为本社成员。

第二十五条　农民专业合作社成员要求退社的，应当在会计年度终了的三个月前向理事长或者理事会提出书面申请；其中，企业、事业单位或者社会组织成员退社，应当在会计年度终了的六个月前提出；章程另有规定的，从其规定。退社成员的成员资格自会计年度终了时终止。

第二十六条　农民专业合作社成员不遵守农民专业合作社的章程、成员大会或者成员代表大会的决议，或者严重危害其他成员及农民专业合作社利益的，可以予以除名。

成员的除名，应当经成员大会或者成员代表大会表决通过。

在实施前款规定时，应当为该成员提供陈述意见的机会。

被除名成员的成员资格自会计年度终了时终止。

第二十七条 成员在其资格终止前与农民专业合作社已订立的合同，应当继续履行；章程另有规定或者与本社另有约定的除外。

第二十八条 成员资格终止的，农民专业合作社应当按照章程规定的方式和期限，退还记载在该成员账户内的出资额和公积金份额；对成员资格终止前的可分配盈余，依照本法第四十四条的规定向其返还。

资格终止的成员应当按照章程规定分摊资格终止前本社的亏损及债务。

第四章　组织机构

第二十九条 农民专业合作社成员大会由全体成员组成，是本社的权力机构，行使下列职权：

（一）修改章程；

（二）选举和罢免理事长、理事、执行监事或者监事会成员；

（三）决定重大财产处置、对外投资、对外担保和生产经营活动中的其他重大事项；

（四）批准年度业务报告、盈余分配方案、亏损处理方案；

（五）对合并、分立、解散、清算，以及设立、加入联合社等作出决议；

（六）决定聘用经营管理人员和专业技术人员的数量、资格和任期；

（七）听取理事长或者理事会关于成员变动情况的报告，对成员的入社、除名等作出决议；

（八）公积金的提取及使用；

（九）章程规定的其他职权。

第三十条 农民专业合作社召开成员大会，出席人数应当达到成员总数三分之二以上。

成员大会选举或者作出决议，应当由本社成员表决权总数过半数通过；作出修改章程或者合并、分立、解散，以及设立、加入联合社的决议应当由本社成员表决权总数的三分之二以上通过。章程对表决权数有较高规定的，从其规定。

第三十一条 农民专业合作社成员大会每年至少召开一次，会议的召集由章程规定。有下列情形之一的，应当在二十日内召开临时成员大会：

（一）百分之三十以上的成员提议；

（二）执行监事或者监事会提议；

（三）章程规定的其他情形。

第三十二条　农民专业合作社成员超过一百五十人的，可以按照章程规定设立成员代表大会。成员代表大会按照章程规定可以行使成员大会的部分或者全部职权。

依法设立成员代表大会的，成员代表人数一般为成员总人数的百分之十，最低人数为五十一人。

第三十三条　农民专业合作社设理事长一名，可以设理事会。理事长为本社的法定代表人。

农民专业合作社可以设执行监事或者监事会。理事长、理事、经理和财务会计人员不得兼任监事。

理事长、理事、执行监事或者监事会成员，由成员大会从本社成员中选举产生，依照本法和章程的规定行使职权，对成员大会负责。

理事会会议、监事会会议的表决，实行一人一票。

第三十四条　农民专业合作社的成员大会、成员代表大会、理事会、监事会，应当将所议事项的决定作成会议记录，出席会议的成员、成员代表、理事、监事应当在会议记录上签名。

第三十五条　农民专业合作社的理事长或者理事会可以按照成员大会的决定聘任经理和财务会计人员，理事长或者理事可以兼任经理。经理按照章程规定或者理事会的决定，可以聘任其他人员。

经理按照章程规定和理事长或者理事会授权，负责具体生产经营活动。

第三十六条　农民专业合作社的理事长、理事和管理人员不得有下列行为：

（一）侵占、挪用或者私分本社资产；

（二）违反章程规定或者未经成员大会同意，将本社资金借贷给他人或者以本社资产为他人提供担保；

（三）接受他人与本社交易的佣金归为己有；

（四）从事损害本社经济利益的其他活动。

理事长、理事和管理人员违反前款规定所得的收入，应当归本社所有；给本社造成损失的，应当承担赔偿责任。

第三十七条　农民专业合作社的理事长、理事、经理不得兼任业务性质相同的其他农民专业合作社的理事长、理事、监事、经理。

第三十八条 执行与农民专业合作社业务有关公务的人员，不得担任农民专业合作社的理事长、理事、监事、经理或者财务会计人员。

第五章 财务管理

第三十九条 农民专业合作社应当按照国务院财政部门制定的财务会计制度进行财务管理和会计核算。

第四十条 农民专业合作社的理事长或者理事会应当按照章程规定，组织编制年度业务报告、盈余分配方案、亏损处理方案以及财务会计报告，于成员大会召开的十五日前，置备于办公地点，供成员查阅。

第四十一条 农民专业合作社与其成员的交易、与利用其提供的服务的非成员的交易，应当分别核算。

第四十二条 农民专业合作社可以按照章程规定或者成员大会决议从当年盈余中提取公积金。公积金用于弥补亏损、扩大生产经营或者转为成员出资。

每年提取的公积金按照章程规定量化为每个成员的份额。

第四十三条 农民专业合作社应当为每个成员设立成员账户，主要记载下列内容：

（一）该成员的出资额；

（二）量化为该成员的公积金份额；

（三）该成员与本社的交易量（额）。

第四十四条 在弥补亏损、提取公积金后的当年盈余，为农民专业合作社的可分配盈余。可分配盈余主要按照成员与本社的交易量（额）比例返还。

可分配盈余按成员与本社的交易量（额）比例返还的返还总额不得低于可分配盈余的百分之六十；返还后的剩余部分，以成员账户中记载的出资额和公积金份额，以及本社接受国家财政直接补助和他人捐赠形成的财产平均量化到成员的份额，按比例分配给本社成员。

经成员大会或者成员代表大会表决同意，可以将全部或者部分可分配盈余转为对农民专业合作社的出资，并记载在成员账户中。

具体分配办法按照章程规定或者经成员大会决议确定。

第四十五条 设立执行监事或者监事会的农民专业合作社，由执行监事或者监事会负责对本社的财务进行内部审计，审计结果应当向成员大会报告。

成员大会也可以委托社会中介机构对本社的财务进行审计。

第六章　合并、分立、解散和清算

第四十六条　农民专业合作社合并，应当自合并决议作出之日起十日内通知债权人。合并各方的债权、债务应当由合并后存续或者新设的组织承继。

第四十七条　农民专业合作社分立，其财产作相应的分割，并应当自分立决议作出之日起十日内通知债权人。分立前的债务由分立后的组织承担连带责任。但是，在分立前与债权人就债务清偿达成的书面协议另有约定的除外。

第四十八条　农民专业合作社因下列原因解散：

（一）章程规定的解散事由出现；

（二）成员大会决议解散；

（三）因合并或者分立需要解散；

（四）依法被吊销营业执照或者被撤销。

因前款第一项、第二项、第四项原因解散的，应当在解散事由出现之日起十五日内由成员大会推举成员组成清算组，开始解散清算。逾期不能组成清算组的，成员、债权人可以向人民法院申请指定成员组成清算组进行清算，人民法院应当受理该申请，并及时指定成员组成清算组进行清算。

第四十九条　清算组自成立之日起接管农民专业合作社，负责处理与清算有关未了结业务，清理财产和债权、债务，分配清偿债务后的剩余财产，代表农民专业合作社参与诉讼、仲裁或者其他法律程序，并在清算结束时办理注销登记。

第五十条　清算组应当自成立之日起十日内通知农民专业合作社成员和债权人，并于六十日内在报纸上公告。债权人应当自接到通知之日起三十日内，未接到通知的自公告之日起四十五日内，向清算组申报债权。如果在规定期间内全部成员、债权人均已收到通知，免除清算组的公告义务。

债权人申报债权，应当说明债权的有关事项，并提供证明材料。清算组应当对债权进行审查、登记。

在申报债权期间，清算组不得对债权人进行清偿。

第五十一条　农民专业合作社因本法第四十八条第一款的原因解散，或者人民法院受理破产申请时，不能办理成员退社手续。

第五十二条　清算组负责制定包括清偿农民专业合作社员工的工资及社会保

险费用，清偿所欠税款和其他各项债务，以及分配剩余财产在内的清算方案，经成员大会通过或者申请人民法院确认后实施。

清算组发现农民专业合作社的财产不足以清偿债务的，应当依法向人民法院申请破产。

第五十三条 农民专业合作社接受国家财政直接补助形成的财产，在解散、破产清算时，不得作为可分配剩余资产分配给成员，具体按照国务院财政部门有关规定执行。

第五十四条 清算组成员应当忠于职守，依法履行清算义务，因故意或者重大过失给农民专业合作社成员及债权人造成损失的，应当承担赔偿责任。

第五十五条 农民专业合作社破产适用企业破产法的有关规定。但是，破产财产在清偿破产费用和共益债务后，应当优先清偿破产前与农民成员已发生交易但尚未结清的款项。

第七章　农民专业合作社联合社

第五十六条 三个以上的农民专业合作社在自愿的基础上，可以出资设立农民专业合作社联合社。

农民专业合作社联合社应当有自己的名称、组织机构和住所，由联合社全体成员制定并承认的章程，以及符合章程规定的成员出资。

第五十七条 农民专业合作社联合社依照本法登记，取得法人资格，领取营业执照，登记类型为农民专业合作社联合社。

第五十八条 农民专业合作社联合社以其全部财产对该社的债务承担责任；农民专业合作社联合社的成员以其出资额为限对农民专业合作社联合社承担责任。

第五十九条 农民专业合作社联合社应当设立由全体成员参加的成员大会，其职权包括修改农民专业合作社联合社章程，选举和罢免农民专业合作社联合社理事长、理事和监事，决定农民专业合作社联合社的经营方案及盈余分配，决定对外投资和担保方案等重大事项。

农民专业合作社联合社不设成员代表大会，可以根据需要设立理事会、监事会或者执行监事。理事长、理事应当由成员社选派的人员担任。

第六十条 农民专业合作社联合社的成员大会选举和表决，实行一社一票。

第六十一条 农民专业合作社联合社可分配盈余的分配办法，按照本法规定的原则由农民专业合作社联合社章程规定。

第六十二条 农民专业合作社联合社成员退社，应当在会计年度终了的六个月前以书面形式向理事会提出。退社成员的成员资格自会计年度终了时终止。

第六十三条 本章对农民专业合作社联合社没有规定的，适用本法关于农民专业合作社的规定。

第八章 扶持措施

第六十四条 国家支持发展农业和农村经济的建设项目，可以委托和安排有条件的农民专业合作社实施。

第六十五条 中央和地方财政应当分别安排资金，支持农民专业合作社开展信息、培训、农产品标准与认证、农业生产基础设施建设、市场营销和技术推广等服务。国家对革命老区、民族地区、边疆地区和贫困地区的农民专业合作社给予优先扶助。

县级以上人民政府有关部门应当依法加强对财政补助资金使用情况的监督。

第六十六条 国家政策性金融机构应当采取多种形式，为农民专业合作社提供多渠道的资金支持。具体支持政策由国务院规定。

国家鼓励商业性金融机构采取多种形式，为农民专业合作社及其成员提供金融服务。

国家鼓励保险机构为农民专业合作社提供多种形式的农业保险服务。鼓励农民专业合作社依法开展互助保险。

第六十七条 农民专业合作社享受国家规定的对农业生产、加工、流通、服务和其他涉农经济活动相应的税收优惠。

第六十八条 农民专业合作社从事农产品初加工用电执行农业生产用电价格，农民专业合作社生产性配套辅助设施用地按农用地管理，具体办法由国务院有关部门规定。

第九章 法律责任

第六十九条 侵占、挪用、截留、私分或者以其他方式侵犯农民专业合作社及其成员的合法财产，非法干预农民专业合作社及其成员的生产经营活动，向农

民专业合作社及其成员摊派，强迫农民专业合作社及其成员接受有偿服务，造成农民专业合作社经济损失的，依法追究法律责任。

第七十条　农民专业合作社向登记机关提供虚假登记材料或者采取其他欺诈手段取得登记的，由登记机关责令改正，可以处五千元以下罚款；情节严重的，撤销登记或者吊销营业执照。

第七十一条　农民专业合作社连续两年未从事经营活动的，吊销其营业执照。

第七十二条　农民专业合作社在依法向有关主管部门提供的财务报告等材料中，作虚假记载或者隐瞒重要事实的，依法追究法律责任。

第十章　附则

第七十三条　国有农场、林场、牧场、渔场等企业中实行承包租赁经营、从事农业生产经营或者服务的职工，兴办农民专业合作社适用本法。

第七十四条　本法自 2018 年 7 月 1 日起施行。

附录Ⅱ

农民专业合作社示范章程

(2007年6月29日农业部第9次常务会议审议通过,
自2007年7月1日起施行))

农民专业合作社根据自身实际情况,参照本示范章程制订和修正本社章程。

_____专业合作社章程

【___年___月___日召开设立大会,由全体设立人一致通过。】

第一章 总 则

第一条 为保护成员的合法权益,增加成员收入,促进本社发展,依照《中华人民共和国农民专业合作社法》和有关法律、法规、政策,制定本章程。

第二条 本社由_____【注:全部发起人姓名或名称】等____人发起,于____年___月___日召开设立大会。

本社名称:_____合作社,成员出资总额_____元。

本社法定代表人:_____【注:理事长姓名】。

本社住所:_____,邮政编码:_____。

第三条 本社以服务成员、谋求全体成员的共同利益为宗旨。成员入社自愿,退社自由,地位平等,民主管理,实行自主经营,自负盈亏,利益共享,风险共担,盈余主要按照成员与本社的交易量(额)比例返还。

第四条 本社以成员为主要服务对象,依法为成员提供农业生产资料的购买,农产品的销售、加工、运输、贮藏以及与农业生产经营有关的技术、信息等服务。主要业务范围如下:【注:根据实际情况填写。如:

(一)组织采购、供应成员所需的生产资料;

(二)组织收购、销售成员生产的产品;

（三）开展成员所需的运输、贮藏、加工、包装等服务；

（四）引进新技术、新品种，开展技术培训、技术交流和咨询服务；……等。

上述内容应与工商行政管理部门颁发的《农民专业合作社法人营业执照》中规定的主要业务内容相符。】

第五条 本社对由成员出资、公积金、国家财政直接补助、他人捐赠以及合法取得的其他资产所形成的财产，享有占有、使用和处分的权力，并以上述财产对债务承担责任。

第六条 本社每年提取的公积金，按照成员与本社业务交易量（额）【注：或者出资额，也可以二者相结合】依比例量化为每个成员所有的份额。由国家财政直接补助和他人捐赠形成的财产平均量化为每个成员的份额，作为可分配盈余分配的依据之一。

本社为每个成员设立个人账户，主要记载该成员的出资额、量化为该成员的公积金份额以及该成员与本社的业务交易量（额）。

本社成员以其个人账户内记载的出资额和公积金份额为限对本社承担责任。

第七条 经成员大会讨论通过，本社投资兴办与本社业务内容相关的经济实体；接受与本社业务有关的单位委托，办理代购代销等中介服务；向政府有关部门申请或者接受政府有关部门委托，组织实施国家支持发展农业和农村经济的建设项目；按决定的数额和方式参加社会公益捐赠。【注：上述业务农民专业合作社可选择进行。】

第八条 本社及全体成员遵守社会公德和商业道德，依法开展生产经营活动。

第二章 成　　员

第九条 具有民事行为能力的公民，从事_____【注：业务范围内的主业农副产品名称】生产经营，能够利用并接受本社提供的服务，承认并遵守本章程，履行本章程规定的入社手续的，可申请成为本社成员。本社吸收从事与本社业务直接有关的生产经营活动的企业、事业单位或者社会团体为团体成员【注：农民专业合作社可以根据自身发展的实际情况决定是否吸收团体成员】。具有管理公共事务职能的单位不得加入本社。本社成员中，农民成员至少占成员总数的百分之八十。

【注：农民专业合作社章程还可以规定入社成员的其他条件，如：具有一定的生产经营规模或经营服务能力等。具体可表述为：养殖规模达到____以上或者种植规模达到____以上，……等。】

第十条　凡符合前条规定，向本社理事会【注：或者理事长】提交书面入社申请，经成员大会【注：或者理事会】审核并讨论通过者，即成为本社成员。

第十一条　本社成员的权利：

（一）参加成员大会，并享有表决权、选举权和被选举权；

（二）利用本社提供的服务和生产经营设施；

（三）按照本章程规定或者成员大会决议分享本社盈余；

（四）查阅本社章程、成员名册、成员大会记录、理事会会议决议、监事会会议决议、财务会计报告和会计账簿；

（五）对本社的工作提出质询、批评和建议；

（六）提议召开临时成员大会；

（七）自由提出退社声明，依照本章程规定退出本社；

（八）成员共同议决的其他权利。【注：如不作具体规定此项可删除】

第十二条　本社成员大会选举和表决，实行一人一票制，成员各享有一票基本表决权。

出资额占本社成员出资总额百分之____以上或者与本社业务交易量（额）占本社总交易量（额）百分之____以上的成员，在本社_____等事项【注：如，重大财产处置、投资兴办经济实体、对外担保和生产经营活动中的其他事项】决策方面，最多享有____票的附加表决权【注：附加表决权总票数，依法不得超过本社成员基本表决权总票数的百分之二十】。享有附加表决权的成员及其享有的附加表决权数，在每次成员大会召开时告知出席会议的成员。

第十三条　本社成员的义务：

（一）遵守本社章程和各项规章制度，执行成员大会和理事会的决议；

（二）按照章程规定向本社出资；

（三）积极参加本社各项业务活动，接受本社提供的技术指导，按照本社规定的质量标准和生产技术规程从事生产，履行与本社签订的业务合同，发扬互助协作精神，谋求共同发展；

（四）维护本社利益，爱护生产经营设施，保护本社成员共有财产；

（五）不从事损害本社成员共同利益的活动；

（六）不得以其对本社或者本社其他成员所拥有的债权，抵销已认购或已认购但尚未缴清的出资额；不得以已缴纳的出资额，抵销其对本社或者本社其他成员的债务；

（七）承担本社的亏损；

（八）成员共同议决的其他义务。【注：如不作具体规定此项可删除】

第十四条　成员有下列情形之一的，终止其成员资格：

（一）主动要求退社的；

（二）丧失民事行为能力的；

（三）死亡的；

（四）团体成员所属企业或组织破产、解散的；

（五）被本社除名的。

第十五条　成员要求退社的，须在会计年度终了的三个月前向理事会提出书面声明，方可办理退社手续；其中，团体成员退社的，须在会计年度终了的六个月前提出。退社成员的成员资格于该会计年度结束时终止。资格终止的成员须分摊资格终止前本社的亏损及债务。

成员资格终止的，在该会计年度决算后____个月内【注：不应超过三个月】，退还记载在该成员账户内的出资额和公积金份额。如本社经营盈余，按照本章程规定返还其相应的盈余所得；如经营亏损，扣除其应分摊的亏损金额。

成员在其资格终止前与本社已订立的业务合同应当继续履行【注：也可以依照退社时与本社的约定确定】。

第十六条　成员死亡的，其法定继承人符合法律及本章程规定的条件的，在____个月内提出入社申请，经成员大会【注：或者理事会】讨论通过后办理入社手续，并承继被继承人与本社的债权债务。否则，按照第十五条的规定办理退社手续。

第十七条　成员有下列情形之一的，经成员大会【注：或者理事会】讨论通过予以除名：

（一）不履行成员义务，经教育无效的；

（二）给本社名誉或者利益带来严重损害的；

（三）成员共同议决的其他情形【注：如不作具体规定此项可删除】。

本社对被除名成员，退还记载在该成员账户内的出资额和公积金份额，结清其应承担的债务，返还其相应的盈余所得。因前款第二项被除名的，须对本社作出相应赔偿。

第三章　组织机构

第十八条　成员大会是本社的最高权力机构，由全体成员组成。

成员大会行使下列职权：

（一）审议、修改本社章程和各项规章制度；

（二）选举和罢免理事长、理事、执行监事或者监事会成员；

（三）决定成员入社、退社、继承、除名、奖励、处分等事项【注：如设立理事会此项可删除】；

（四）决定成员出资标准及增加或者减少出资；

（五）审议本社的发展规划和年度业务经营计划；

（六）审议批准年度财务预算和决算方案；

（七）审议批准年度盈余分配方案和亏损处理方案；

（八）审议批准理事会、执行监事或者监事会提交的年度业务报告；

（九）决定重大财产处置、对外投资、对外担保和生产经营活动中的其他重大事项；

（十）对合并、分立、解散、清算和对外联合等作出决议；

（十一）决定聘用经营管理人员和专业技术人员的数量、资格、报酬和任期；

（十二）听取理事长或者理事会关于成员变动情况的报告；

（十三）决定其他重大事项【注：如不作具体规定此项可删除】。

第十九条　本社成员超过一百五十人时，每____名成员选举产生一名成员代表，组成成员代表大会。成员代表大会履行成员大会的_____、_____等【注：部分或者全部】职权。成员代表任期____年，可以连选连任。

【注：成员总数达到一百五十人的农民专业合作社可以根据自身发展的实际情况决定是否设立成员代表大会。如不设立，此条可删除】

第二十条　本社每年召开____次成员大会【注：至少于会计年度末召开一次成员大会。】成员大会由_____【注：理事长或者理事会】负责召集，并提前十五日向全体成员通报会议内容。

第二十一条　有下列情形之一的，本社在二十日内召开临时成员大会：

（一）百分之三十以上的成员提议；

（二）执行监事或者监事会提议；【注：如不设立执行监事或监事会，此项可删除】

（三）理事会提议；

（四）成员共同议决的其他情形【注：如不作具体规定此项可删除】。

理事长【注：或者理事会】不能履行或者在规定期限内没有正当理由不履行职责召集临时成员大会的，执行监事或者监事会在 ____ 日内召集并主持临时成员大会。【注：如不设立执行监事或监事会，此款可删除】

第二十二条　成员大会须有本社成员总数的三分之二以上出席方可召开。成员因故不能参加成员大会，可以书面委托其他成员代理。一名成员最多只能代理 ____ 名成员表决。

成员大会选举或者做出决议，须经本社成员表决权总数过半数通过；对修改本社章程，改变成员出资标准，增加或者减少成员出资，合并、分立、解散、清算和对外联合等重大事项做出决议的，须经成员表决权总数三分之二以上的票数通过。成员代表大会的代表以其受成员书面委托的意见及表决权数，在成员代表大会上行使表决权。

第二十三条　本社设理事长一名，为本社的法定代表人。理事长任期 ____ 年，可连选连任。

理事长行使下列职权：

（一）主持成员大会，召集并主持理事会会议；

（二）签署本社成员出资证明；

（三）签署聘任或者解聘本社经理、财务会计人员和其他专业技术人员聘书；

（四）组织实施成员大会和理事会决议，检查决议实施情况；

（五）代表本社签订合同等。

（六）履行成员大会授予的其他职权【注：如不作具体规定此项可删除】。

第二十四条　本社设理事会，对成员大会负责，由 ____ 名成员组成，设副理事长 ____ 人。理事会成员任期 ____ 年，可连选连任。

理事会【注：或者理事长】行使下列职权：

（一）组织召开成员大会并报告工作，执行成员大会决议；

（二）制订本社发展规划、年度业务经营计划、内部管理规章制度等，提交成员大会审议；

（三）制定年度财务预决算、盈余分配和亏损弥补等方案，提交成员大会审议；

（四）组织开展成员培训和各种协作活动；

（五）管理本社的资产和财务，保障本社的财产安全；

（六）接受、答复、处理执行监事或者监事会提出的有关质询和建议；

（七）决定成员入社、退社、继承、除名、奖励、处分等事项【注：如不设立理事会此项可删除】；

（八）决定聘任或者解聘本社经理、财务会计人员和其他专业技术人员；

（九）履行成员大会授予的其他职权【注：如不作具体规定此项可删除】。

第二十五条　理事会会议的表决，实行一人一票。重大事项集体讨论，并经三分之二以上理事同意方可形成决定。理事个人对某项决议有不同意见时，其意见记入会议记录并签名。理事会会议邀请执行监事或者监事长、经理和＿＿名成员代表列席，列席者无表决权。

【注：农民专业合作社可以根据自身发展的实际情况决定是否设立理事会。如不设立理事会，第二十四条第一款、第二十五条中的相关内容可删除。】

第二十六条　本社设执行监事一名，代表全体成员监督检查理事会和工作人员的工作。执行监事列席理事会会议。

第二十七条　本社设监事会，由＿＿名监事组成，设监事长一人，监事长和监事会成员任期＿＿年，可连选连任。监事长列席理事会会议。

监事会【注：或者执行监事】行使下列职权：

（一）监督理事会对成员大会决议和本社章程的执行情况；

（二）监督检查本社的生产经营业务情况，负责本社财务审核监察工作；

（三）监督理事长或者理事会成员和经理履行职责情况；

（四）向成员大会提出年度监察报告；

（五）向理事长或者理事会提出工作质询和改进工作的建议；

（六）提议召开临时成员大会；

（七）代表本社负责记录理事与本社发生业务交易时的业务交易量（额）情况；

（八）履行成员大会授予的其他职责【注：如不作具体规定此项可删除】。

卸任理事须待卸任＿＿年后【注：填写本章程第二十三条规定的理事长任期】方能当选监事。

第二十八条　监事会会议由监事长召集，会议决议以书面形式通知理事会。

理事会在接到通知后____日内就有关质询作出答复。

第二十九条 监事会会议的表决实行一人一票。监事会会议须有三分之二以上的监事出席方能召开。重大事项的决议须经三分之二以上监事同意方能生效。监事个人对某项决议有不同意见时，其意见记入会议记录并签名。

【注：农民专业合作社可以根据自身发展的实际情况决定是否设执行监事和监事会。如不设立，第二十七条、第二十八条、第二十九条相关内容可删除。】

第三十条 本社经理由理事会【注：或者理事长】聘任或者解聘，对理事会【注：或者理事长】负责，行使下列职权：

（一）主持本社的生产经营工作，组织实施理事会决议；

（二）组织实施年度生产经营计划和投资方案；

（三）拟订经营管理制度；

（四）提请聘任或者解聘财务会计人员和其他经营管理人员；

（五）聘任或者解聘除应由理事会聘任或者解聘之外的经营管理人员和其他工作人员；

（六）理事会授予的其他职权【注：如不作具体规定此项可删除】。

本社理事长或者理事可以兼任经理。

第三十一条 本社现任理事长、理事、经理和财务会计人员不得兼任监事。

第三十二条 本社理事长、理事和管理人员不得有下列行为：

（一）侵占、挪用或者私分本社资产；

（二）违反章程规定或者未经成员大会同意，将本社资金借贷给他人或者以本社资产为他人提供担保；

（三）接受他人与本社交易的佣金归为己有；

（四）从事损害本社经济利益的其他活动；

（五）兼任业务性质相同的其他农民专业合作社的理事长、理事、监事、经理。

理事长、理事和管理人员违反前款第（一）项至第（四）项规定所得的收入，归本社所有；给本社造成损失的，须承担赔偿责任。

第四章　财务管理

第三十三条 本社实行独立的财务管理和会计核算，严格按照国务院财政部门制定的农民专业合作社财务制度和会计制度核定生产经营和管理服务过程中的成本与费用。

第三十四条　本社依照有关法律、行政法规和政府有关主管部门的规定，建立健全财务和会计制度，实行每月 ＿＿ 日【注：或者每季度第 ＿＿ 月 ＿＿ 日】财务定期公开制度。

本社财会人员应持有会计从业资格证书，会计和出纳互不兼任。理事会、监事会成员及其直系亲属不得担任本社的财会人员。

第三十五条　成员与本社的所有业务交易，实名记载于各该成员的个人账户中，作为按交易量（额）进行可分配盈余返还分配的依据。利用本社提供服务的非成员与本社的所有业务交易，实行单独记账，分别核算。

第三十六条　会计年度终了时，由理事长【注：或者理事会】按照本章程规定，组织编制本社年度业务报告、盈余分配方案、亏损处理方案以及财务会计报告，经执行监事或者监事会审核后，于成员大会召开十五日前，置备于办公地点，供成员查阅并接受成员的质询。

第三十七条　本社资金来源包括以下几项：

（一）成员出资；

（二）每个会计年度从盈余中提取的公积金、公益金；

（三）未分配收益；

（四）国家扶持补助资金；

（五）他人捐赠款；

（六）其他资金。

第三十八条　本社成员可以用货币出资，也可以用库房、加工设备、运输设备、农机具、农产品等实物、技术、知识产权或者其他财产权利作价出资，但不得以劳务、信用、自然人姓名、商誉、特许经营权或者设定担保的财产等作价出资。成员以非货币方式出资的，由全体成员评估作价。

第三十九条　本社成员认缴的出资额，须在 ＿＿ 个月内缴清。

第四十条　以非货币方式作价出资的成员与以货币方式出资的成员享受同等权利，承担相同义务。

经理事长【注：或者理事会】审核，成员大会讨论通过，成员出资可以转让给本社其他成员。

第四十一条　为实现本社及全体成员的发展目标需要调整成员出资时，经成

员大会讨论通过，形成决议，每个成员须按照成员大会决议的方式和金额调整成员出资。

第四十二条　本社向成员颁发成员证书，并载明成员的出资额。成员证书同时加盖本社财务印章和理事长印鉴。

第四十三条　本社从当年盈余中提取百分之____的公积金，用于扩大生产经营、弥补亏损或者转为成员出资。

【注：农民专业合作社可以根据自身发展的实际情况决定是否提取公积金。】

第四十四条　本社从当年盈余中提取百分之____的公益金，用于成员的技术培训、合作社知识教育以及文化、福利事业和生活上的互助互济。其中，用于成员技术培训与合作社知识教育的比例不少于公益金数额的百分之____。

【注：农民专业合作社可以根据自身发展的实际情况决定是否提取公益金。】

第四十五条　本社接受的国家财政直接补助和他人捐赠，均按本章程规定的方法确定的金额入账，作为本社的资金（产），按照规定用途和捐赠者意愿用于本社的发展。在解散、破产清算时，由国家财政直接补助形成的财产，不得作为可分配剩余资产分配给成员，处置办法按照国家有关规定执行；接受他人的捐赠，与捐赠者另有约定的，按约定办法处置。

第四十六条　当年扣除生产经营和管理服务成本，弥补亏损、提取公积金和公益金后的可分配盈余，经成员大会决议，按照下列顺序分配：

（一）按成员与本社的业务交易量（额）比例返还，返还总额不低于可分配盈余的百分之____【注：依法不低于百分之六十，具体比例由成员大会讨论决定】；

（二）按前项规定返还后的剩余部分，以成员账户中记载的出资额和公积金份额，以及本社接受国家财政直接补助和他人捐赠形成的财产平均量化到成员的份额，按比例分配给本社成员，并记载在成员个人账户中。

第四十七条　本社如有亏损，经成员大会讨论通过，用公积金弥补，不足部分也可以用以后年度盈余弥补。

本社的债务用本社公积金或者盈余清偿，不足部分依照成员个人账户中记载的财产份额，按比例分担，但不超过成员账户中记载的出资额和公积金份额。

第四十八条　执行监事或者监事会负责本社的日常财务审核监督。根据成员大会【注：或者理事会】的决定【注：或者监事会的要求】，本社委托_____审计机构对本社财务进行年度审计、专项审计和换届、离任审计。

第五章　合并、分立、解散和清算

第四十九条　本社与他社合并，须经成员大会决议，自合并决议作出之日起十日内通知债权人。合并后的债权、债务由合并后存续或者新设的组织承继。

第五十条　经成员大会决议分立时，本社的财产作相应分割，并自分立决议作出之日起十日内通知债权人。分立前的债务由分立后的组织承担连带责任。但是，在分立前与债权人就债务清偿达成的书面协议另有约定的除外。

第五十一条　本社有下列情形之一，经成员大会决议，报登记机关核准后解散：

（一）本社成员人数少于五人；

（二）成员大会决议解散；

（三）本社分立或者与其他农民专业合作社合并后需要解散；

（四）因不可抗力因素致使本社无法继续经营；

（五）依法被吊销营业执照或者被撤销；

（六）成员共同议决的其他情形。【注：如不作具体规定此项可删除】

第五十二条　本社因前条第一项、第二项、第四项、第五项、第六项情形解散的，在解散情形发生之日起十五日内，由成员大会推举____名成员组成清算组接管本社，开始解散清算。逾期未能组成清算组时，成员、债权人可以向人民法院申请指定成员组成清算组进行清算。

第五十三条　清算组负责处理与清算有关未了结业务，清理本社的财产和债权、债务，制定清偿方案，分配清偿债务后的剩余财产，代表本社参与诉讼、仲裁或者其他法律程序，并在清算结束后，于____日内向成员公布清算情况，向原登记机关办理注销登记。

第五十四条　清算组自成立起十日内通知成员和债权人，并于六十日内在报纸上公告。

第五十五条　本社财产优先支付清算费用和共益债务后，按下列顺序清偿：

（一）与农民成员已发生交易所欠款项；

（二）所欠员工的工资及社会保险费用；

（三）所欠税款；

（四）所欠其他债务；

（五）归还成员出资、公积金；

（六）按清算方案分配剩余财产。

清算方案须经成员大会通过或者申请人民法院确认后实施。本社财产不足以清偿债务时，依法向人民法院申请破产。

第六章　附　　则

第五十六条　本社需要向成员公告的事项，采取＿＿＿＿方式发布，需要向社会公告的事项，采取＿＿＿＿方式发布。

第五十七条　本章程由设立大会表决通过，全体设立人签字后生效。

第五十八条　修改本章程，须经半数以上成员或者理事会提出，理事长【注：或者理事会】负责修订，成员大会讨论通过后实施。

第五十九条　本章程由本社理事会【注：或者理事长】负责解释。

全体设立人签名、盖章：

附录Ⅲ

《农机社会化服务作业合同》(范本)

(农业部办公厅提供)

甲方:
乙方:

经协商,在平等互利、保证双方权益的基础上,甲方为乙方提供农业机械作业服务。双方签定如下条款:

一、作业内容

1. 甲方负责向乙方提供　　　　(农业机械名称)　　台开展　　　作业服务。

2. 具体作业地点:　省　市　县　乡　村　组。

3. 作业面积:　　　亩(1亩≈666.7平方米)。

4. 作业时间商定为　年　月　日至　年　月　日

二、作业费标准及结算方式

5. 作业服务费标准按　　元/亩计算,共计:　　元。

6. 结算方式:每天作业完成后,乙方要当场确认并按作业量核算作业服务费。乙方为个人的应当当天以现金足额向甲方支付作业费;乙方为农场或合作社等单位的可办理银行支付,并在作业任务全部完成后下一个工作日内办理完毕银行支付手续。或双方协商收费方式:　　　　　　　　。

7. 双方对作业面积有异议时,按双方实际丈量作业面积计算。

三、双方的权利和义务

8. 甲方要按合同要求准时到乙方指定的作业地点开展作业服务。

9. 甲方要保证投入作业服务的农业机械技术状态良好,驾驶操作人员具备合法的资格,按照操作规程作业,确保安全生产。

10. 甲方应按照农艺要求保证作业质量,作业质量应当符合国家或地方标准

要求。无国家和地方标准的作业项目,可结合当地实际,由甲方当场示范作业标准,或由双方协商确定作业标准如下:(或另签补充协议,范本见《水稻机插秧服务补充协议》,附后)。

11. 甲方为作业地县域范围外的,乙方应事先告知作业服务地的地理位置、作业环境、种植规格、道路交通状况及风俗习惯等相关情况。

12. 为了保证甲方顺利开展作业,乙方应为甲方提供如下便利条件:

13. 如签定合同时没有商定作业时间,乙方应在作业时间确定后,提前　天通知甲方。

四、违约责任

14. 任何一方违约所造成的损失,均由违约方负责赔偿。

15. 如果一方需要变更或终止作业合同的,应在作业初始时间前 15 天通知对方,并征得对方同意后方可变更或终止作业合同。给对方造成直接经济损失的,提出方应赔偿损失。赔偿金额为保证金的 2 倍,或由双方商定违约赔偿金　　元。

16. 因天气等不可抗力或者其它意外事件使得本合同无法履行的,可以解除本合同,双方不承担违约责任。遭受不可抗力、意外事件的一方如部分不能履行本合同或延迟履行本合同的,应当自不可抗力、意外事件消除之日起 5 日内,将事件情况以书面形式通知另一方,并于事件消除之日起 20 日内,向另一方提交导致其全部或部分不能履行或延迟履行的合法证明。

五、其他事宜

17. 一方变更通讯地址或联系方式,应自变更之次日通知对方,否则变更方对由此造成的一切后果承担责任。

18. 未尽事宜,甲、乙双方经协调一致可另签订补充协议,其法律效力同本合同。

19. 为保证合同履行,双方同意由　　　为鉴证方,各交纳保证金　　元由鉴证方保管,作业任务结束后退还,或作为违约方赔偿金。

20. 甲、乙双方发生纠纷,可向作业地农机管理等部门或鉴证方申请调解,也可向合同仲裁机构或人民法院提出仲裁或诉讼。

21. 本合同一式贰(叁)份,甲方、乙方(和鉴证方)各执一份,经双(叁)方签字(盖章)后生效,具有同等法律效力,单方更改无效。

22. 本合同有效期自　年　月　日至　年　月　日。

鉴证方：　　　　　　　　　负责人身份证号：
联系地址：　　　　　　　　联系电话：

甲方：　　　　　　（盖章）负责人身份证号：
联系地址：　　　　　　　　联系电话：

乙方：　　　　　　（盖章）负责人身份证号：
联系地址：　　　　　　　　联系电话：

鉴证方：　　　　　　（盖章）负责人身份证号：
联系地址：　　　　　　　　联系电话：

　　　　　　　　　　　　年　　　月　　　日

附录Ⅳ

农业部关于大力推进农机社会化服务的意见

各省、自治区、直辖市及计划单列市农机（农业、农牧）局（厅、委、办），新疆生产建设兵团农业局，黑龙江省农垦总局：

农机社会化服务是农业社会化服务的重要内容。为贯彻党的十八大和今年中央1号文件关于"创新农业生产经营体制、构建农业社会化服务新机制"的部署，现就推进农机社会化服务提出以下意见。

一、重要意义

（一）基本涵义。农机社会化服务是指农机服务组织、农机户为其他农业生产者提供的机耕、机播、机收、排灌、植保等各类农机作业服务，以及相关的农机维修、供应、中介、租赁等有偿服务的总称。农机社会化服务与农机化公共服务相互结合、相互补充，分别为农业生产提供了经营性、公益性的农机化服务，共同构成了推进农业机械化发展的重要力量。

（二）成效问题。改革开放以来，我国农机户和农机服务组织迅速发展，农机社会化服务能力持续提升，服务方式不断创新，服务效益进一步提高，探索了一条中国特色农业机械化发展道路。但总的来看，我国农机社会化服务还存在服务主体实力不强、服务范围较窄、专业人才缺乏、基础条件薄弱等突出问题，与广大农民群众对农机社会化服务的多样化需求和现代农业发展需要尚有明显差距。

（三）重要性紧迫性。实践证明，大力推进农机社会化服务，是构建"集约化、组织化、专业化、社会化"相结合的新型农业经营体系的重要支撑，是解决农业生产"谁来种、种什么、怎么种"重大问题的现实途径，是实现农业机械化"全程、全面、高质、高效"发展的必然要求，对加快建设中国特色农业现代化具有重要意义。各级农机化主管部门要进一步提高推进农机社会化服务的重要性和紧迫性的认识，抢抓机遇，迎接挑战，改革创新，完善机制，进一步明确工作任务，落实保障措施，优化发展环境，大力推进农机社会化服务持续快速健康发展。

二、总体要求

（四）指导思想。认真贯彻党的十八大和中央 1 号文件精神，围绕建设现代农业和促进农民增收、创新农业经营体制的目标任务，以发展和壮大农机大户、农机合作社等各类农机服务组织为重点，以提高农机具使用效率和经济效益为核心，以推进农机服务产业化为方向，积极推动农机社会化服务机制创新，构建新型农机社会化服务体系，最大限度满足农民实际需求，最大限度解放发展农业生产力，最大限度增强农村发展活力。

（五）基本原则。坚持把满足农业生产和农民需求、提高机具使用效率，作为推进农机社会化服务的根本目的；坚持把强化政策扶持、培育壮大服务主体，作为推进农机社会化服务的关键举措；坚持把改革创新、不断完善服务机制，作为推进农机社会化服务的不竭动力；坚持把典型示范带动、鼓励多种服务方式发展，作为推进农机社会化服务的有效途径；坚持把依法规范发展、营造公平竞争的市场环境，作为推进农机社会化服务的重要保障。

（六）发展目标。农机社会化服务的市场主体进一步壮大、服务领域进一步拓展、服务质量进一步提升、服务效益进一步提高，推动农业机械化"全面、全程、高质、高效"发展。力争到 2020 年，全国拥有农机原值 50 万元以上的农机大户及农机服务组织的数量、全国农机化经营总收入均比 2010 年翻一番。

三、主要任务

（七）培育新型农机社会化服务主体。建立以财政资金为引导，农民个人、农业生产经营服务组织投资为主体，社会其他投资为补充的多渠道、多层次、多元化投入机制，扶持发展新型农机社会化服务主体。扶持农机户发展成为农机专业户，引导农机户和农户采取带机具、土地、资金、技术入社等多种方式创建农机合作社等服务实体。鼓励一部分具有实力的农机合作社流转承包土地，开展包括粮食烘干、农产品加工等在内的"一条龙"农机作业服务项目，成为既提供农机作业服务又从事农业生产经营的市场主体。积极推动农机服务主体开展横向联合与纵向协作，成立农机合作社联社、股份制作业公司、区域性农机服务中心、农机租赁公司等。

（八）构建新型农机社会化服务体系。以农机户为基础，农机服务组织为主体，农机中介服务为纽带，农机作业、维修、供应、中介、租赁服务为主要内容，政府支持服务为保障，建立起"覆盖全程、服务全面，机制灵活、运转高

效,综合配套、保障有力"的新型农机社会化服务体系。培育农机作业市场,通过跨区作业、土地托管等服务模式,鼓励各类农机服务市场主体为其他农业生产者提供低成本、便利化、全方位、高质量的农机作业服务。培育农机维修市场,加快构建布局合理、服务规范、便捷高效的农机维修服务网络。培育农机供应市场,优化市场布局,发展连锁经营和电子商务,健全遍布城乡的农机零配件供应网络。发展农机中介服务,开展跨区作业信息咨询和机具调度,为农机服务供需双方搭建沟通桥梁。发展农机租赁服务,满足农民对农机的利用和投资需求。

(九)完善新型农机社会化服务机制。按照服务专业化、运行市场化、服务品牌化的要求,通过市场机制合理配置生产要素,建立起"产权清晰、权责明确、管理科学、诚信高效"的运行机制,充分发挥农机服务组织的生产潜力和经营活力。将国家对农机合作社的投入量化到每位入社成员,并按贡献进行分红,建立起合理公平、效率优先的分配机制,充分调动每一位社员的积极性、主动性和创造性。尊重社员参与管理的民主权利,将每个农机合作社建设成为自主决策、利益共享、风险共担、自我发展的利益共同体和命运共同体。

(十)培养新型农机社会化服务人才。按照"政策扶持、多元投入、按需施教、注重实效"的原则,切实加强农机实用人才队伍建设。实施阳光工程农机培训,加强农机职业技能鉴定,开展职业技能竞赛活动,培养造就一大批既精通农机驾驶、维修技术,又懂农业、农艺栽培技术的新型农机手。充分利用高等院校、农机企业等各类培训资源,重点加强农机合作社等农机服务组织领头人的培训,使之成为既懂生产又善管理的新型农机职业经理人。争取优惠政策,吸引大中专毕业生、专业技术人员等扎根农村、投身农机化,为农机社会化服务提供人才支撑。

四、保障措施

(十一)加强组织领导。要坚持把农机社会化服务作为农业机械化发展的重要内容,列入重要议事日程,明确分管机构和职责,充实人员力量,研究制定并落实推进农机社会化服务的相关政策。制定新型农机服务主体的认定标准,并开展摸底调查,因地制宜制定农机社会化服务发展规划。积极争取当地政府的重视和支持,把农机社会化服务纳入本地农机化工作目标考核内容,列入当地经济发展统计指标体系。

(十二)完善扶持政策。要加强与财政、国土、金融、保险等相关部门和机构的协调,加大扶持力度。积极推动已有扶持政策的落实,同时创设新的政策扶持措施。争取将扶持农机社会化服务的投入纳入地方财政预算，建立稳定的投入机制。采取政府订购、定向委托、奖励补助、招投标等方式，引导农机服务组织参与公益性服务。鼓励引导农机社会化服务组织发展，争取金融机构为其提供融资贷款支持，同时争取将农机保险纳入农业政策性保险补贴范围。加强农机具停放场（库棚）、维修间等基础设施建设用地需求调查和规划工作，进一步落实设施农用地管理有关政策，不断改善农机具保养和维修条件。

（十三）强化发展合力。要加强农机化系统内部协作，整合有关项目资源，形成共同推进农机社会化服务的强大合力。在已有的农机化财政项目和基本建设项目中，要鼓励农机服务组织作为项目的承担和实施主体，并将农机购置补贴、报废更新补贴、农机培训、作业补贴等项目资金向农机服务组织倾斜，优先安排，集中使用。加强与通讯、石油石化等企业合作，为农机社会化服务组织提供信息和用油供应等多种优惠服务。积极推进农机企业、科研院所与农机合作社开展"企社共建"、"院社共建"，实现合作共赢。

（十四）做好示范引导。要及时总结农机社会化服务的成效和经验，树立一批"设施完备、功能齐全、特色明显、效益良好"的农机社会化服务示范典型。继续开展全国、省级农机合作社、维修点等示范社（点）创建，加强农机社会化服务品牌建设。建立健全农机社会化服务挂钩帮扶机制，配备专职辅导员，履行宣传指导、咨询服务和统计监测等职责。开展农机社会化服务的标准化建设，提高规范高效服务水平。进一步加强新闻宣传和示范引导，为农机社会化服务营造良好的发展氛围。

（十五）改善市场环境。要研究制定农机社会化服务的行为规范和技术标准，让各个市场主体公平参与竞争。建立健全农机化质量投诉监督体系，及时受理和处理对农机产品质量、作业质量、维修质量以及售后服务质量的投诉。利用现代信息技术和装备，做好农机服务的市场供需、作业价格等信息的采集、统计和分析工作，并及时向社会发布。支持开展农机社会化服务信用体系建设和信用等级、服务能力评价，对信誉高、服务好、守信用的农机大户、农机服务组织予以列名支持。要采取更加有效措施，推动建立"统一开放、竞争有序"的农机社会化服务市场。

农业部

2013 年 10 月 11 日